# BIBLIOTHÈQUE
# DES MERVEILLES

PUBLIÉE SOUS LA DIRECTION

DE M. ÉDOUARD CHARTON

———

## LA VAPEUR

**Le Ciel.** Notions d'astronomie à l'usage des gens du monde. — 4ᵉ édition entièrement refondue et considérablement augmentée, illustrée de 45 grandes planches dont 12 tirées en couleur et de 251 vignettes insérées dans le texte. 1 magnifique vol. gr. in-8 jésus . . . . . . . . 20 fr.

**Les Phénomènes de la Physique.** — 2ᵉ édition, illustrée de 457 figures insérées dans le texte et de 11 planches imprimées en couleur. 1 magnifique volume gr. in-8 jésus . . . . . . . . . . . . . . 20 fr.

**Les Chemins de fer.** — 5ᵉ édition. 1 volume in-16 de la Bibliothèque des merveilles, illustré de 121 vignettes . . . . ´. . . . . . . . . 2 fr. 25

**La Lune.** — 3ᵉ édition. 1 volume gr. in-18, illustré de 2 grandes planches et de 46 vignettes . . . . . . . . . . . . . . . . . . . 1 fr. 25

**Le Soleil.** — 3ᵉ édition. 1 vol. gr. in-18, illustré de 58 vignettes 1 fr. 25

**Éléments de cosmographie.** — 5ᵉ édition conforme aux programmes de l'enseignement secondaire spécial. 1 volume gr. in-18, illustré de 2 planches et de 164 vignettes. . . . . . . . . . . . . . . . 5 fr. 50

EN PRÉPARATION

**Les Applications de la Physique** aux sciences, à l'industrie et aux arts.

**La Lumière.**

**Les Météores du monde solaire.**

PARIS. — IMP. SIMON RAÇON ET COMP., RUE D'ERFURTH, 1.

BIBLIOTHÈQUE DES MERVEILLES

# LA VAPEUR

PAR

## AMÉDÉE GUILLEMIN

OUVRAGE ILLUSTRÉ DE 113 VIGNETTES

PAR B. BONNAFOUX ET A. JAHANDIER

PARIS

LIBRAIRIE HACHETTE ET Cⁱᵉ

BOULEVARD SAINT-GERMAIN, Nº 79

1875

# LA VAPEUR

## INTRODUCTION

J'imagine un ancien, un Athénien contemporain de Périclès, un de ces disciples des philosophes grecs, à l'intelligence si subtile, si ouverte aux choses de l'art, de la science et de la pensée, transporté tout à coup sans aucune transition dans notre monde moderne.

Que dirait-il, et surtout que penserait-il, je ne dirai pas à la vue de nos monuments, de nos tableaux, de nos statues, mais en parcourant nos usines, en voyageant sur nos chemins de fer, sur nos bateaux à vapeur? Dans quelle stupéfaction le plongerait le mouvement vertigineux d'un train lancé à toute vitesse, entraîné par une force invisible, cachée dans

1

les flancs d'une masse de fer et ne se manifestant à
la vue que par le feu et la fumée! Il comparerait
sans doute ce mouvement rapide de vingt lourdes
voitures à l'allure gracieuse des chars qui se dispu-
taient le prix de la course sur le sable de l'Hippo-
drome, et l'avantage, au point de vue artistique, ne
serait pas pour nos caisses disgracieuses, nos wagons et nos machines ; mais quelle idée ne prendrait-
il point de la puissance des engins modernes, et combien sa curiosité ne serait-elle pas éveillée, quand
il reconnaîtrait qu'aucun moteur animé, ni la force
de l'homme ni celle des animaux, que ni l'eau
ni le vent ne sont les causes qui font mouvoir cet
immense convoi, ce gigantesque navire marchant
contre vents et marées, pas plus que cette multitude de rouages, d'outils, de métiers en activité dans
nos usines ?

Au spectacle de tant de merveilles, un homme
du moyen âge eût crié à la magie, et la machine à
vapeur eût été pour lui l'œuvre du démon. Mais
notre Athénien, curieux comme ses contemporains,
l'esprit habitué à l'analyse et dégagé de tout mysti-
cisme, une fois passé le premier mouvement d'éton-
nement et d'admiration, n'aurait qu'un désir, celui
d'approfondir le mystère. Il voudrait savoir le pourquoi et le comment de tout ce qu'il voit d'étrange
dans les inventions mécaniques ou industrielles de
notre époque, et avec ses connaissances en mathéma-

tique et son habitude de raisonner, soyez sûr qu'il
y parviendrait rapidement.

Alors, ravi d'apprendre que tant de puissance,
tant de mouvements rapides ou lents, mais toujours
mesurés et précis, ont pour principe une cause si
simple, la force de la chaleur ou du feu, il admire-
rait le génie de la science moderne qui a su maîtriser
l'agent de destruction le plus terrible, le feu, pour
en faire l'exécuteur docile de la productivité humaine.
A l'esclave, chargé dans ces brillantes civilisations de
la Grèce et de Rome, de tous les travaux grossiers, il
verrait substituée la machine, et, parmi toutes les
machines, la plus puissante de toutes en même
temps que la plus obéissante, la machine à vapeur.

Mais à quoi bon, pour exprimer tout ce qu'il y a
de véritablement admirable dans cette invention de
la vapeur, invoquer les esprits d'il y a deux mille
ans? Deux siècles ne sont point encore écoulés,
depuis que Papin en a conçu la première idée; et si
madame de Sévigné avait pu dormir tout ce temps
dans le château de sa fille à Grignan, puis, à son
réveil, au reçu de Paris d'une dépêche datée du ma-
tin même, prendre un train express qui la ramenât
en douze heures à l'hôtel Carnavalet, je crois bien
qu'elle eût épuisé toutes les épithètes de sa fameuse
lettre [1] sans pouvoir rendre toute sa stupéfaction.

---

[1] Lettre à M. de Coulanges, du 15 décembre 1870, sur le mariage
projeté de Lauzun avec Mademoiselle.

Pourquoi donc, nous autres, contemporains de tant d'applications étonnantes du progrès scientifique, restons-nous généralement froids devant elles? Nous prenons le chemin de fer, nous montons en bateau à vapeur, nous entrons dans un bureau télégraphique, sans trop nous soucier de la façon dont fonctionnent tant d'agents à notre service. L'habitude nous a blasés sur toutes ces choses qui eussent fait l'admiration de nos anciens, et, par une singularité qui semble contradictoire, elle nous a rendus en quelque sorte sceptiques et crédules à la fois. Nous avons vu se réaliser tant de projets qui paraissaient chimériques que nous sommes disposés à accepter sans examen ceux même dont l'impossibilité est, pour ainsi dire, mathématiquement démontrée; c'est au point que je ne serais pas étonné qu'un voyage à la lune, en ballon ou de tout autre façon, trouvât des partisans. D'autre part, le premier enthousiasme refroidi, et sitôt qu'une invention nouvelle est décidément acquise, nous l'oublions, ou, ce qui revient au même, nous ne nous en occupons plus.

Qui songe aujourd'hui à se rendre compte du mécanisme et du principe physique de la machine à vapeur, de la locomotive? Les hommes de l'art, oui, mécaniciens et ingénieurs, et puis à peu près personne.

C'est notre ignorance qui fait notre indifférence :

cela n'est pas douteux. Comment vaincre l'une et
détruire l'autre ? En essayant, comme l'auteur de ce
livre s'efforcera de le faire pour la vapeur, de montrer l'importance de l'invention au point de vue du
progrès économique, industriel et social ; en exposant, avec toute la clarté dont il est capable, les phénomènes physiques qui renferment le principe des
machines à vapeur ; en élaguant, sans rien négliger
d'essentiel dans la description de la machine même
et de ses variétés, toutes les broussailles trop techniques qui n'ont d'intérêt que pour les gens du métier.

## II

Reportons nous au siècle qui a précédé immédiatement l'invention de la machine à vapeur, c'est-à-
dire au dix-septième.

Quels étaient alors les moteurs employés dans
l'industrie, dans les transports par terre ou par
eau ?

Il y avait les moteurs animés, c'est-à-dire la force
musculaire des animaux et de l'homme. Il y avait
aussi les moteurs inanimés, empruntés aux corps
bruts ; ceux-là se résumaient dans la force de la
pesanteur, utilisée sous deux formes distinctes, les
chutes et courants d'eau, le vent.

Pour une foule de travaux, la force musculaire

de l'homme est encore employée sans doute ; elle le
sera longtemps encore, sinon toujours ; mais l'emploi des machines la rend moins pénible, moins
brutale et l'intelligence s'y trouve de plus en plus
associée. Le temps est loin et se mesure par des
siècles, où il fallait employer des centaines de
milliers d'ouvriers et vingt années pour édifier
l'une des grandes pyramides d'Égypte[1]. Sous
Louis XIV, on dépensait encore bien des vies d'hommes dans les travaux publics, par exemple dans
la construction de ce fastueux palais de Versailles
où le grand roi engloutissait en même temps des
centaines de millions : mais déjà à cette époque, les
machines commençaient à jouer un grand rôle dans
l'industrie. L'exploitation des mines, des carrières,
les terrassements sont bien encore aujourd'hui des
travaux où la force musculaire de l'homme est
employée pour ainsi dire à l'état brut. Mais je le
répète, de jour en jour, cette force, considérée
comme simple moteur, tend à être remplacée par la
machine, ou bien elle est le moteur de l'outil que
dirige l'intelligence de l'ouvrier.

Voilà pour la force musculaire de l'homme.

Un autre moteur animé, c'est la bête de somme.
Le cheval, le bœuf, le mulet étaient jadis, ils sont encore et seront toujours de précieux auxiliaires du

---

[1] La grande pyramide a exigé, selon Pline, 570,000 ouvriers et
20 années pour sa construction.

travail humain. Dans les opérations agricoles, dans les charrois, les terrassements, la locomotion sur les chemins et les routes, comment se passer d'eux ? Et de fait, plus les moteurs nouveaux se multiplient, plus le travail demandé aux moteurs primitifs va en croissant. Par exemple, à mesure que le réseau des chemins de fer se développe, que la vapeur prend

Fig. 1. — Les moteurs animés. Le manége.

possession d'une plus grande étendue de pays, l'industrie voiturière ordinaire, bien loin de s'éteindre, va progressant au contraire, pour satisfaire aux besoins nouveaux du trafic. Il en est de même des canaux et des fleuves : c'est ainsi qu'en France la navigation des rivières et des canaux présente aujourd'hui un tonnage plus élevé qu'avant l'établissement des voies ferrées.

Mais continuons notre énumération des forces

motrices telles qu'elles existaient avant l'invention
de la machine à vapeur.

Nous venons de parler des moteurs animés.
C'étaient et ce sont encore les plus coûteux, et la
raison en est simple. Ce sont des machines qui ne

Fig. 2. — Les moteurs animés. La diligence.

peuvent agir d'une façon continue. La durée de
leur travail quotidien a un terme, au delà duquel
leur santé est compromise, et avec leur santé, la
quantité de travail qu'ils sont susceptibles de fournir par la suite. Le repos, le sommeil, une nourri-
ture convenable sont indispensables. Si l'industriel
qui les emploie est dispensé de cette préoccupation

pour le manœuvre qu'il paye, il n'en est plus de même de l'animal qu'il est obligé de soigner et de nourrir, même quand celui-ci ne travaille point.

Il n'en est plus ainsi des autres forces motrices que l'industrie emprunte gratuitement, pour ainsi dire, à la nature et qui sont deux modes d'action de la même force physique, la pesanteur.

L'eau qui descend les pentes et les déclivités des bassins, sous forme de ruisseaux, de rivières ou de fleuves, acquiert par son mouvement même une force vive qui est utilisée de deux manières différentes, soit en faisant porter par l'eau et entraîner avec elle des corps de densité moindre : de là le flottage, la navigation proprement dite par bateaux; soit en opposant à sa chute les palettes mobiles d'une roue qui prend ainsi un mouvement de rotation et le communique, par son axe, aux machines des moulins et usines établis dans le voisinage

Le transport des voyageurs, des marchandises surtout, par le courant des masses liquides que la force de la pesanteur entraîne nécessairement vers les points les plus bas d'un territoire, a précédé tous les autres moyens de transport. C'était évidemment le plus économique de tous, si l'on ne considère que les frais accessoires et la main-d'œuvre; mais si la gravité sert de moteur pour l'aller, n'oublions pas qu'elle est un obstacle pour le retour, et que le halage par des animaux ou des

hommes, ou la navigation à force de rames s'impo-
sait pour faire revenir les bateaux vides, ou chargés,
au point de départ. En tout cas, les sécheresses,
les inondations étaient et sont encore de graves
causes d'irrégularité qui rendent ces voies, d'ailleurs si précieuses, inférieures en un sens, soit
aux routes de terres, soit surtout aux voies ferrées

Fig. 5. — Les moteurs animés. Chevaux de halage.

où l'action de la vapeur permet d'établir des communications régulières et continues. Et puis, pour
que la navigation soit possible, le long d'un cours
d'eau, il faut souvent en bien des points entrepren-
dre des travaux onéreux, des endiguements, barra-
ges, dragages, etc. La gratuité du moteur est loin
d'être complète.

La force du vent est un autre moteur naturel et gra-
tuit, mais plus capricieux et plus irrégulier encore

que l'écoulement des eaux. C'est surtout, comme on sait, dans la navigation maritime que le mouvement des masses fluides atmosphériques est utilisé, en le faisant agir sur les voiles des navires. Grâce aux perfectionnements apportés à la construction de la coque, aux manœuvres, au gréement des na-

Fig. 4. — La force du vent. Le navire à voiles.

vires, grâce aussi et surtout aux progrès des sciences telles que l'astronomie et la géographie, la navigation à voiles a pris une extension immense.

Il y a eu en Europe, quelques tentatives de l'application de la force du vent sur les routes de terre : on a construit quelques voitures à voiles, mais on a bien compris que c'était un faible auxiliaire des

moteurs habituels, avec une grande complication
dans l'aménagement des voitures et chariots. Seul,
le Chinois mène, sur les routes du Céleste-Empire, sa
brouette à voiles garnie d'un attirail d'ustensiles,
peuplée de marmots, de poulets, de canards ; seul, il
persiste à demander à Éole, quand il envoie un vent

Fig. 5. — Force du vent. La brouette chinoise.

favorable, un soulagement pour ses bras ou ses reins
fatigués. La voiture ou la brouette à voiles, sur les
routes ou même sur les canaux glacés de la Hollande,
n'a jamais été en Europe qu'un objet de curiosité.

Il n'en est pas de même des moulins à vent. Là,
l'utilisation de cette force naturelle s'est faite et se
fait encore sur une assez large échelle, mais avec
tous les inconvénients, aggravés peut-être, de l'ir-

régularité des cours d'eau. C'est, dans certains cas, un auxiliaire utile de l'industrie ; ce ne peut être un moteur sur lequel elle puisse compter, pour tous les travaux que la production et la demande croissantes ne permettent pas d'interrompre.

Fig. 6. — La force du vent. Le moulin.

## III

Tout le génie des hommes qui depuis des milliers d'années se sont voués à cette œuvre obscure du perfectionnement des engins mécaniques, qui ont aidé ainsi l'humanité à s'affranchir de la tyran-

nie du travail exclusivement matériel, a été tourné
vers une préoccupation unique dans son idée, mul-
tiple dans ses résultats : imaginer des machines
susceptibles d'utiliser le plus complétement possible les forces gratuitement fournies par la nature,
chutes et courants d'eau, force du vent, ainsi que les
les forces plus coûteuses, mais précieuses toutefois,
que recèlent les muscles de l'homme et des animaux.

Le levier, le treuil, le manége, la poulie, tous les
outils qu'on emploie dans mille métiers divers,
sont autant de conquêtes, qui, tantôt permettent
de traduire les efforts du moteur sous la forme
de la vitesse aux dépens du temps, tantôt négligeant
ce dernier élément, négligent la vitesse pour multiplier la force.

Qui fera l'histoire de ces engins si simples, si
utiles, fera l'histoire de la civilisation humaine dans
ce qu'elle a, il est vrai, de plus obscur, mais aussi
de plus efficace, de plus fécond, de plus bienfaisant.

Les noms des plus grands hommes, des Archimède et des Pascal, se trouveraient mêlés dans
dans cette histoire pacifique, je ne dirai pas aux
noms — ils sont restés inconnus — mais au sou-
venir des inventeurs de la hache, de la scie, de la
bêche, de la charrue.

La science et l'industrie se sont ainsi aidées longtemps, celle-ci fournissant à celle-là ses moyens
matériels d'investigation et d'étude, la première

donnant à l'autre des solutions plus précises des difficultés à vaincre. Mais c'est surtout à la renaissance des lettres, des arts et des sciences que cette communauté de services se développa. Depuis trois siècles, la physique expérimentale a fait en effet des pas décisifs dans l'explication et la mesure des phénomènes, et la nature a été explorée dans tous les sens.

Alors peu à peu se fit jour la pensée que l'homme n'avait jusqu'alors utilisé qu'à moitié les forces que le monde physique met à sa disposition, qu'il avait négligé ou méconnu la plus puissante de toutes, le feu ; en d'autres termes, la chaleur, ce principe fécond de tout mouvement et de toute vie. Du moins, ne l'avait-il employée que sous sa forme directe, et, comme puissance mécanique, il n'avait su en tirer qu'un agent destructeur, la poudre à canon, pourvoyeur terrible de la mort et non paisible auxiliaire du travail.

Mais le moment approchait. Les progrès de la science, de la physique surtout, sous l'impulsion de Galilée, de Torricelli, de Pascal, d'Huygens, allaient rendre possible une invention qui mettait au jour une puissance nouvelle, et qui plus est, la soumettait, docile et irrésistible à la fois, à la volonté de l'homme. Une révolution, incalculable dans ses conséquences, allait transformer, pour ainsi dire sans victimes, le monde de l'industrie et du travail.

En quoi consistait donc cette invention merveilleuse?

En bien peu de chose, en apparence.

De l'eau, chauffée à un certain degré, se transforme en vapeur. C'est là un phénomène vulgaire que toute l'antiquité, que tout le moyen âge avait vu se produire quotidiennement, non dans les laboratoires des savants, mais dans les moindres ménages.

En se détendant ainsi, en changeant d'état, comme disent les physiciens, l'eau devenue vapeur, d'inerte qu'elle est à l'état liquide, acquiert tout à coup une force élastique considérable ; les molécules, à la vérité invisibles, se précipitant avec une vitesse prodigieuse et dans tous les sens, deviennent, quand on oppose un obstacle à leur mouvement, quand on les emprisonne en un vase, comme autant de projectiles qui tendent à renverser ou à à briser la barrière qu'on leur oppose. Vient-on à rendre mobile une des parois du vase, la vapeur communique à cette paroi une partie de sa force vive : elle la met en mouvement.

Voilà donc bien une force nouvelle, un nouveau moteur, dont il s'agit de régler l'action, qu'il faut utiliser d'une façon avantageuse, c'est-à-dire économique et régulière.

Mais ce n'est pas dans la découverte de cette puissance que gît l'invention de la vapeur, surtout celle de la machine qui a la force élastique de la vapeur d'eau pour principe. Cette force était connue dès les temps les plus anciens, et même nous verrons plus loin comment un physicien de l'antiquité, Iléron d'Alexandrie, avait essayé d'en tirer parti.

La vapeur n'est donc pas, comme l'électricité, une découverte d'un fait absolument ignoré.

C'est l'utilisation de cette force, c'est son emploi comme moteur industriel, qui est le fait capital, le fait nouveau que nous avons à étudier dans ses lois, à décrire dans ses applications si fécondes, si variées.

Mais, pour que cette utilisation devienne possible, pour que le rêve de celui qui a songé pour la première fois à se servir de cet agent comme moteur, prenne un corps, et passe du domaine du fantastique dans le domaine du réel, il a fallu observer patiemment les effets de la vapeur, étudier son mode de formation, les changements qu'elle subit dans les diverses circonstances où on l'emploie, quand change le degré dechaleur auquel elle est soumise ; dans quelle mesure croît ou diminue la pression, quand le fluide passe du vase où il se forme dans les espaces où il agit ; il a fallu connaître les moyens de réduire à néant cette force, de détruire à volonté cette puissance irrésistible qui devient un danger terrible, dès qu'elle n'est plus ni maîtrisée, ni réglée.

Tout cela est venu peu à peu. Comme toutes les

choses humaines, inventions ou institutions, qui
ont en elles le privilége de la durée, l'application
de la vapeur s'est progressivement et lentement dé-
gagée des tâtonnements, des essais et expériences de
toute sorte. Mais il est à remarquer que ces essais
et ces expériences sont eux-mêmes venus en leur
temps, et ne pouvaient avoir de chances de réussite que grâce aux récents progrès, à la naissance
pour ainsi dire des sciences physiques et expéri-
mentales: Papin et Watt sont les enfants de Torricelli et de Galilée. La machine à vapeur est la fille de
ces deux inventions si simples et si fécondes : celle
du *baromètre* qui démontre et mesure la pression de
l'atmosphère, qui compare à cette pression les forces élastiques des gaz et des vapeurs ; celle du *thermomètre* qui mesure les degrés de la chaleur si difi-
ciles à apprécier, quand ils n'ont d'autres juges que
l'impression fugitive et variable de cet élément sur
nos sens et nos organes. Le moyen de faire le vide
soit dans la chambre barométrique, soit dans un
récipient dont l'air est extrait par une pompe, invention si précieuse d'Otto de Guericke, venait aussi
d'être trouvé, quand Denis Papin, notre illustre
compatriote, a jeté les fondements de la plus grande
révolution industrielle qu'ait vu le monde.

Mais pour bien préciser par quelle suite d'idées
ont dû passer les grands esprits qui ont eu la gloire
d'attacher leurs noms à la découverte de la machine

à vapeur, il est indispensable d'entrer dans quelques développements.

## IV

Dès 1680, Huygens avait songé à utiliser la force expansive de la poudre à canon. Voici comment. Dans un cylindre muni d'un piston mobile, il faisait détoner une certaine quantité de poudre, et la violente expansion des gaz chassait l'air contenu dans le cylindre par deux ouvertures disposées de manière à se refermer aussitôt. Le vide se faisait donc, au moins partiellement, de sorte que la pression de l'atmosphère s'exerçait sur la face supérieure du piston avec une énergie proportionnelle à sa surface et en rapport avec le degré de vide obtenu.

Un modeste médecin français, Denis Papin, que la révocation de l'Édit de Nantes força de s'exiler, chercha d'abord[1] à perfectionner la machine proposée par Huygens, machine qui, du reste, dans la pensée de son auteur, « pouvait servir, non-seulement à élever toutes sortes de grands poids et des eaux pour les fontaines, mais aussi à jeter des boulets et des flèches avec beaucoup de force, suivant la manière des balistes des anciens. » Mais bientôt, deux années plus tard, en 1690, il songea à substi-

---

[1] C'est à l'année 1688 que remonte cette première tentative.

tuer à la poudre à canon un autre agent, propre comme elle, à faire le vide sous le piston, et à laisser ainsi à la pression atmosphérique toute sa prépondérance.

Cet agent, c'était la vapeur d'eau, avec laquelle

Fig. 7. — Denis Papin.

Papin était déjà familier, puisque dès 1681, il avait inventé sa marmite célèbre, son *Nouveau digesteur*, dont il sera question plus loin. Voici, en quelques lignes, la description de la première machine à vapeur, telle que Papin l'avait conçue, et l'explication, très simple à concevoir, de ses effets.

B est un piston muni d'une tige verticale D et

mobile dans un cylindre de même diamètre, à l'intérieur duquel on a introduit de l'eau à une faible hauteur. Dans le piston, on a pratiqué un trou L qu'une tige M peut fermer à volonté.

Supposons le piston enfoncé dans le cylindre jusqu'au contact de l'eau dont une partie a pu sortir par l'ouverture ; celle-ci étant alors fermée à l'aide de la tige. Plaçons alors le cylindre, dont les parois sont métalliques, sur un foyer ardent ; l'eau est bientôt réduite en vapeur, et celle-ci, par sa force élastique, surmonte le poids du piston et la pression de l'atmosphère : elle fait remonter le piston au haut du cylindre. Dès que le piston arrive au sommet

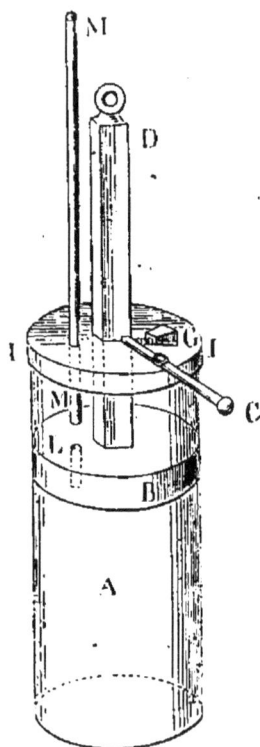

Fig. 8. — Première machine à vapeur de Papin.

de sa course, une verge mince C, mobile autour d'un de ses points, et jusque-là maintenue au contact de la tige du piston par un ressort G, pénètre dans une fente de cette tige, lorsque le mouvement d'ascension amène la fente en face de la verge. En ce moment donc, le mouvement s'arrête.

Otons alors le foyer de dessous le cylindre ; bientôt ses parois et la vapeur d'eau qu'elles renferment se refroidissent : la vapeur se condense et le vide reste au-dessous du cylindre, de sorte que si l'on vient à faire sortir la verge de la fente où elle maintient la tige et le piston, le piston pressé par le poids de l'atmosphère sera poussé de haut en bas, et l'on pourra profiter de cette pression considérable pour lui faire soulever des fardeaux.

En un mot, la disposition de la machine de Papin est un peu différente de celle où Huygens faisait le vide par la poudre à canon ; mais l'effet produit est le même.

Seulement, c'est la vapeur d'eau qui agit, c'est sa force élastique qui fait monter le piston ; c'est sa condensation par le froid qui fait le vide.

Retenons ici deux faits. Papin, dans cette première machine à vapeur, emploie d'abord le fluide élastique à une pression un peu supérieure à la pression atmosphérique : elle lui sert alors comme moteur pour soulever le piston. Puis, il la condense par le refroidissement, de manière à faire le vide, et c'est la pression de l'atmosphère qui devient le moteur véritable, celui qui accomplit le travail utile, en vue duquel la machine est construite.

Plus tard, il modifia sa conception première, mais peu heureusement il faut le dire, et c'est la machine que nous venons de décrire qui constitue son plus grand titre de gloire, son droit incontestable à être considéré comme l'inventeur de la machine à vapeur.

Savery, qui vint après, eut l'heureuse idée de produire la vapeur dans un vase séparé, de la condenser dans un autre, mais sa machine sur laquelle nous reviendrons plus tard, est, sous un autre rapport, une rétrogradation relativement à celle de Papin ; en effet, la force élastique de la vapeur y est employée à refouler l'eau directement, tandis que nous venons de voir Papin se servir de cette force pour produire le mouvement d'un piston, mouvement qu'il suffira de transformer par des procédés purement mécaniques, pour faire de la machine à vapeur un moteur universel.

Insistons encore sur une considération que je crois d'une haute importance, parce qu'elle montre quels liens intimes unissent les progrès de la science aux progrès industriels.

Les essais d'Huygens, la machine de Papin sont basés sur la connaissance de la pesanteur de l'air, des effets que produit la pression atmosphérique, quand on fait le vide dans un espace clos. Et, en effet, trente ou quarante ans à peine s'étaient écoulés, depuis que Torricelli avait mis en évidence la pression de l'atmosphère et inventé le baromètre ; les expériences d'Otto de Guericke et l'invention de la machine à faire le vide dataient de moins encore ; le thermomètre venait aussi d'être inventé : toutes ces découvertes étaient nécessaires à l'éclosion des inventions nouvelles, et toutes en effet servent de points de départ aux recherches qui avaient pour objet la découverte du nouveau moteur.

Sans ces progrès incessants de la physique, on peut dire que la machine à vapeur n'eût pas pu voir le jour; et bientôt nous constaterons aussi que, si elle est sortie de sa forme embryonnaire et primitive, si elle est devenue le moteur universel que nous connaissons, c'est grâce à de nouveaux progrès de la science. Sans ces progrès, tout le génie des Papin, des Watt, des Fulton se serait brisé contre 'insurmontables obstacles.

## V

Les dernières années du dix-septième siècle ont donc vu l'éclosion, puis la réalisation de cette grande pensée : fournir à l'homme un moteur nouveau, ajouter une force aux forces naturelles dont l'homme disposait pour son labeur croissant, pour le travail tous les jours grandissant de la civilisation progressive.

L'avenir nous réserve peut-être de nouvelles conquêtes dans le même ordre de faits. Mais on peut croire qu'aucune d'elles ne déterminera une révolution plus considérable dans ses effets, plus féconde dans ses conséquences, que celle dont la vapeur a inauguré, il y a bientôt deux cents ans, les timides commencements.

Cette révolution est comparable, dans l'ordre matériel, à celle que la découverte de l'imprimerie a produite dans l'ordre intellectuel et moral. L'une a
diffusé jusque dans les couches les plus humbles de
la population la lumière de l'instruction auparavant
réservée à de rares privilégiés, à quelques initiés
aux choses de la pensée. La divine manne de la
poésie et de la science, grâce à la multiplication du
livre par l'écriture moulée, nourrit aujourd'hui des
millions d'intelligence. Sans doute, il s'en faut
encore que l'œuvre de l'instruction universelle, rendue possible par l'imprimerie, soit un fait accompli :
du moins cette œuvre est-elle en bonne voie dans le
monde civilisé.

La vapeur, de son côté, a multiplié et rendu accessibles à tous les mille objets manufacturés que
les métiers manuels et les machines anciennes ne
livraient que rares et chers ; elle a couvert les mem-
bres nus des masses pauvres et laborieuses, à la
ville comme aux champs ; elle a enrichi le mobilier
de la chaumière d'une foule d'ustensiles usuels qui
étaient de véritables objets de luxe dans les ménages d'autrefois. Partout où était la gêne, elle a produit l'aisance. Enfin elle a mis à la portée de tout
le monde une chose que les grands seigneurs et
les riches seuls étaient capables de se donner et
se permettaient seuls, et cela même à grande
peine : la rapidité des communications. Les voyages

qui jadis, c'est-à-dire avant les bateaux à vapeur et les chemins de fer, exigeaient des jours, des semaines, des mois entiers, se font aujourd'hui, grâce à la vapeur, en quelques heures, en quelques jours au plus. On se rend plus vite maintenant, et avec une sécurité au moins égale, du Havre à New-York, qu'il y a un siècle de Paris à Lyon. L'océan Atlantique est franchi dans le temps qu'il fallait à une diligence pour traverser un tiers de la longueur de la France.

Je donnerai plus loin des détails précis, je citerai des chiffres, des statistiques qui mettent dans tout son jour l'évidence de ces assertions, qui prouvent que notre siècle mérite bien le nom qu'on lui donne, celui de SIÈCLE DE LA VAPEUR.

## VI

Et maintenant, avant d'aborder mon sujet, avant de définir les propriétés physiques du merveilleux agent qui naît et se développe au simple contact d'une chaudière pleine d'eau et d'un morceau de houille enflammé, je veux faire, entre la vapeur et les autres forces naturelles utilisées par l'homme, un simple rapprochement. Je veux, en m'appuyant sur les données scientifiques les plus rigoureusement démontrées, montrer que toutes, par leur source, par leur origine première, ont une commune cause, la chaleur, dont chacune de ces forces est une manifestation particulière.

La chaleur n'est autre chose — la théorie et l'expérience s'accordent aujourd'hui pour la démonstration de ce principe — qu'un mode de mouvement des molécules des corps, mouvement qui acquiert son maximum d'intensité et sa plus grande simplicité dans les gaz et les vapeurs. Par la combinaison chimique à laquelle on donne le nom de combustion, les molécules d'un morceau de houille entrent dans un état de vibration qui, de proche en proche ou par rayonnement, se communiquent aux parois du vase avec lequel il est en contact et avec la masse d'eau que le vase renferme. Peu à peu, le mouvement intime devient assez violent pour que les molécules de l'eau se séparent et que, devenues gazeuses, elles se précipitent avec une vitesse prodigieuse dans toutes les directions. Ainsi naît la force élastique de la vapeur, force qui elle-même, comme on le verra bientôt, produit le mouvement dans les organes d'une machine.

Eh bien, la chaleur, ce principe du moteur nouveau, est également le principe des forces musculaires des êtres animés. Sans la chaleur, la vie n'est point ; les aliments qui entretiennent la vie ne font que déterminer, dans les êtres organisés, la production de quantités sans cesse renouvelées de chaleur nouvelle : c'est cette chaleur, que ces êtres dépensent sous des formes variées, et qui donne naissance aux mouvements des nerfs et des muscles.

Les animaux et l'homme que nous avons ici seuls en vue se nourrissent directement ou indirectement en s'assimilant des végétaux, c'est-à-dire des organismes formés par l'accumulation des forces vives émanées des rayons du soleil, source commune de la chaleur des corps terrestres.

C'est aussi la chaleur du soleil qui produit le mouvement de toutes les masses fluides qui circulent à la surface de notre globe. Par une incessante distillation des eaux de la mer, des fleuves et du sol imprégné d'humidité, le soleil provoque la formation de la vapeur d'eau dans l'atmosphère ; et c'est cette vapeur condensée qui retombe sur la superficie des continents, s'infiltre dans les terres, donne naissance aux sources, entretient les cours d'eau depuis les ruisseaux jusqu'aux fleuves et rend ainsi disponible la force de la gravité qui anime tous ces fluides en mouvement.

Ainsi, la force de la pesanteur que nous avons vue utilisée dans les chutes et les courants d'eau ne devient pour l'homme un moteur disponible, que grâce à la chaleur, sans laquelle toute circulation serait bientôt interrompue.

Les mouvements de l'atmosphère sont dus à une

,cause de tout point semblable ; de sorte qu'en dernière analyse :

> Les moteurs animés,
> Les moteurs hydrauliques,
> La force du vent,

sont trois manifestations en apparence diverses, mais en somme trois modes d'activité d'une force qui est aussi le principe du moteur que nous allons étudier dans cet ouvrage, c'est-à-dire de

> La vapeur d'eau.

Fig. 9. — La force de la vapeur. Touage ou remorquage sur les rivières.

PREMIÈRE PARTIE

# LA VAPEUR

———

## I

### QU'EST-CE QUE LA VAPEUR?

Idées des physiciens et des chimistes sur la vapeur, il y a cent ans. — Définition de la vapeur, dans l'*Encyclopédie*. — Hypothèse de Bossut

Avant de décrire les machines à vapeur, avant d'essayer de dérouler devant les yeux du lecteur les conséquences de cette merveilleuse et puissante application des lois de la physique, je voudrais lui donner une idée précise de ce qu'est la vapeur elle-même, de la manière dont elle se produit, des circonstances qu'on observe dans sa formation, des lois enfin qui président aux variations de sa force élastique. Sans cette étude préalable, nous ne pour-

rions nous faire qu'une idée confuse des machines,
du jeu de leurs organes ; nous ne saurions comprendre les progrès apportés depuis l'origine à
leurs dispositions, ni enfin, à plus forte raison, concevoir les progrès que dans l'avenir elles peuvent
recevoir encore du génie des inventeurs.

Je sais que cette façon de procéder, conforme à
la logique et au bon sens, n'est pas du goût de tout
le monde, que certains lecteurs la trouveront dog-
matique et ennuyeuse, et qu'il pourrait sembler
plus amusant d'aborder tout de suite les effets sans
s'attarder à en connaître les causes. Les esprits curieux et sérieux, j'en suis convaincu, ne seront pas
de cet avis-là.

Il n'y a pas si longtemps qu'on le pourrait croire,
qu'on sait avec netteté ce qu'est la vapeur. On a
utilisé ses propriétés mécaniques avant de la connaître. La raison en est bien simple : les découvertes toutes modernes des physiciens et des chimistes sur les gaz n'avaient pas encore appris qu'il
y a des différences essentielles entre les substances
qui affectent l'état gazeux ou aériforme. Aussi
croyait-on que la vapeur était, soit de l'eau que l'action du feu change en air, soit de l'air ou tout autre fluide subtil qui était primitivement renfermé
dans l'eau. L'*Encyclopédie* de d'Alembert et Diderot
définit ainsi le mot *vapeur* : « C'est l'assemblage
d'une infinité de petites bulles d'eau ou d'autres

matières liquides, remplies d'air raréfié par la chaleur et élevées par leur légèreté jusqu'à une certaine hauteur dans l'atmosphère; après quoi elles retombent, soit en pluie, soit en rosée, soit en neige, etc. » C'était, comme on voit, confondre la vapeur proprement dite, toujours invisible, avec les nuées visibles, comme le prouvent d'ailleurs les lignes suivantes : « Les masses de cet assemblage, qui flottent dans l'air, sont ce qu'on appelle *nuages*. »

Voici comment s'exprime sur le même sujet Bossut, qui écrivait en 1775, c'est-à-dire quatre-vingts ans après l'invention de la machine à vapeur : « Le feu fait sortir de l'eau, en forme de vapeur, un fluide très-léger, très-subtil, très-élastique, capable de faire équilibre à des poids considérables... Cette vapeur n'est pas de l'air qui se dégage de l'eau, comme quelques personnes pourroient le penser. ». Il cite alors, pour appuyer cette manière de voir, une expérience de Désaguliers qu'il est superflu de reproduire, et il ajoute en manière de conclusion : « Il paroît que la vapeur est un fluide particulier, mêlé dans l'eau, ou si l'on veut, la partie la plus subtile de l'eau, que le feu met en action, et qui perd subitement sa vertu expansive, jusqu'à n'occuper qu'un volume presque infiniment petit, quand on la refroidit d'une manière quelconque. »

L'idée que la vapeur n'est autre que l'eau elle-

même, transformée en gaz par l'action de la chaleur, n'était pas claire encore à cette époque ; on
le voit par les passages que je viens de transcrire.
Mais aujourd'hui, aucun doute n'existe plus sur les
circonstances de cette transformation, que nous allons étudier rapidement d'après toutes les données
de la science.

# II

## COMMENT SE FORME LA VAPEUR

L'eau se réduit spontanément en vapeur à toute température. — Evapo-
ration à la surface. — Ebullition de l'eau ou vaporisation interne ;
l'eau chante. — Constance de la température pendant l'ébullition.

L'eau, comme tous les liquides, se réduit spontanément en vapeur à toute température. En exposant à l'air libre, dans un vase ouvert, imperméable,
une certaine quantité d'eau, on voit peu à peu celle-
ci diminuer et finalement disparaître, et cette dispa-
rition qu'on ne peut attribuer à l'absorption du
vase ne s'explique que par le passage graduel du
liquide à l'état aériforme ou gazeux.

Aux températures ordinaires, la transformation
de l'eau en vapeur n'a lieu qu'à la surface; aucune
bulle gazeuse ne se dégage de la masse interne ; on
reconnaît seulement que le phénomène est d'autant
plus rapide, que la surface liquide est relativement
plus étendue, et que la température est elle-même

plus élevée. Mais il faut ajouter que cette rapidité
dépend encore, et de l'état hygrométrique de l'air
ambiant, et de la pres-
sion atmosphérique
pendant la durée de
l'expérience.

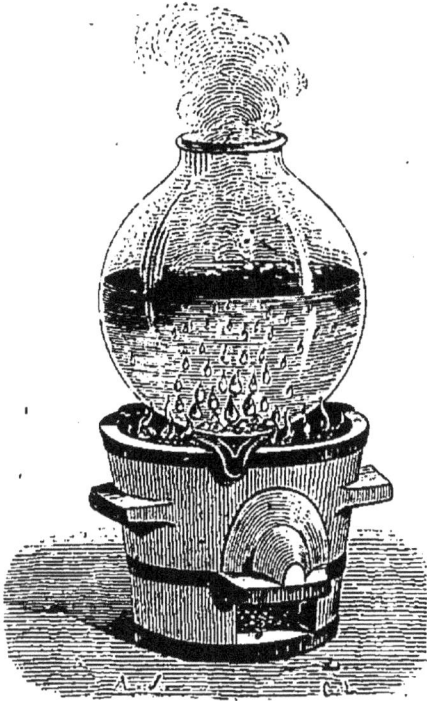

Pour le moment,
ne faisons varier que
la température.

Mettons sur le feu
le vase contenant l'eau
et échauffons-la ainsi
progressivement. Si le
foyer est suffisamment
actif, on verra bien-
tôt la vapeur se for-
mer non-seulement à
la surface du vase ; d'où elle s'échappe sous
forme de nuages qui s'élèvent et se dissipent
dans l'air, mais encore au sein du liquide même.
Sur le fond et sur les parois inférieures du
vase, celles qui sont en contact direct avec les
charbons ardents, des bulles gazeuses apparais-
sent, se détachent, puis s'élèvent en forme de
cônes jusqu'aux couches supérieures de l'eau. Ces
premières bulles de vapeur diminuent de volume
en s'élevant et disparaissent avant d'avoir atteint le

Fig. 10. — Première phase de l'ébullition. L'eau chante.

niveau supérieur du liquide. On entend alors un bruissement particulier causé précisément par la condensation de toutes ces bulles, ou mieux par le mouvement brusque de l'eau qui se précipite dans chacun des petits vides occasionnés par la condensation. C'est ce qu'on exprime communément en disant que *l'eau chante*.

En ce moment l'eau ne bout pas encore ; en d'autres termes, la surface liquide extérieure reste calme, unie et horizontale. L'agitation provenant de la formation active de la vapeur est restreinte aux couches intérieures ; elle n'atteint pas encore les couches les plus élevées. C'est que l'élévation de température n'est pas uniforme ; mais les courants provoqués dans la masse par l'ascension de l'eau la plus chaude et dès lors la plus légère, la chaleur abandonnée par les bulles qui se condensent sans interruption vont bientôt rendre le phénomène général. Les bulles de vapeur qui, tout à l'heure, disparaissaient avant d'atteindre la surface, montent jusqu'à celle-ci, et en crevant, rompent l'équilibre : le bouillonnement se manifeste dans la masse entière. Le phénomène de l'ébullition est maintenant complet.

La transformation de l'eau en vapeur par l'ébullition, et celle qu'on observe, sans qu'il y ait ébullition, à une température quelconque, sont deux phénomènes différents, qu'il ne faut point confondre,

et qu'on distingue en réservant le nom de *vaporisation* au premier et au second celui d'*évaporation*.
La différence essentielle est celle-ci. L'évaporation,
nous l'avons déjà dit, se fait par la surface libre du
liquide ; et elle a lieu, plus ou moins rapide il est
vrai, à toute température, et quelle que soit la pression extérieure de l'atmosphère. La vaporisation se
fait à une température qui reste constante, dès que
l'ébullition a commencé, bien que cette température dépende elle-même de la pression atmosphérique.

Voilà une condition caractéristique de l'ébullition.
Supposons, par exemple, que dans l'expérience
très-simple que nous venons de décrire, nous
ayons, dès l'origine, plongé un thermomètre dans
l'eau. A mesure que celle-ci s'est échauffée, nous
aurions pu voir monter progressivement le niveau
du mercure dans le tube, jusqu'à ce que, l'é-
bullition ayant commencé, ce même niveau, par-
venu au maximum d'élévation, fût devenu sta-
tionnaire. Il eût marqué 100°, dans l'hypothèse
où le baromètre, à ce même instant, eût indiqué
lui-même la pression atmosphérique de 760 millimètres.

Alors, quelle que soit l'intensité du feu, tant
que l'eau du vase bout, tant que la vaporisation
dure, vous verrez cette température de 100° per-
sister. En activant le foyer, vous rendrez l'ébulli-

tion plus rapide, c'est-à-dire la transformation de l'eau en vapeur plus prompte ; mais vous ne parviendrez pas à échauffer l'eau davantage, non plus que la vapeur qui s'en échappe. La chaleur fournie est tout entière occupée à cette opération du passage de l'eau de l'état liquide à l'état gazeux.

## INFLUENCE DE LA PRESSION EXTÉRIEURE SUR L'ÉBULLITION

Ébullition dans le vide. — Faire bouillir de l'eau en la refroidissant. — Température de l'ébullition sur les montagnes ; impossibilité de faire du thé sur les Alpes. — Ébullition au-dessus de 100° ; le digesteur de Papin.

Cette même condition caractéristique de la constance de température de l'ébullition, — disons, par parenthèse, qu'elle se présente aussi dans l'ébullition des liquides autres que l'eau — a lieu, quelle que soit la pression extérieure. Seulement plus celle-ci diminue, moins est élevée la température de l'ébullition. C'est ce qu'on peut vérifier expérimentalement de diverses manières.

Par exemple, on place sous le récipient de la machine pneumatique un vase qui renferme de l'eau à une température inférieure à celle de l'ébullition à l'air libre. Puis, on fait fonctionner la machine, c'est-à-dire on extrait peu à peu l'air contenu dans

le récipient, ce qui revient à diminuer la pression que cet air exerce à la surface de l'eau. Quand la
raréfaction est suffisante, on voit l'eau bouillir ;
seulement les bulles de vapeur, au lieu de partir du

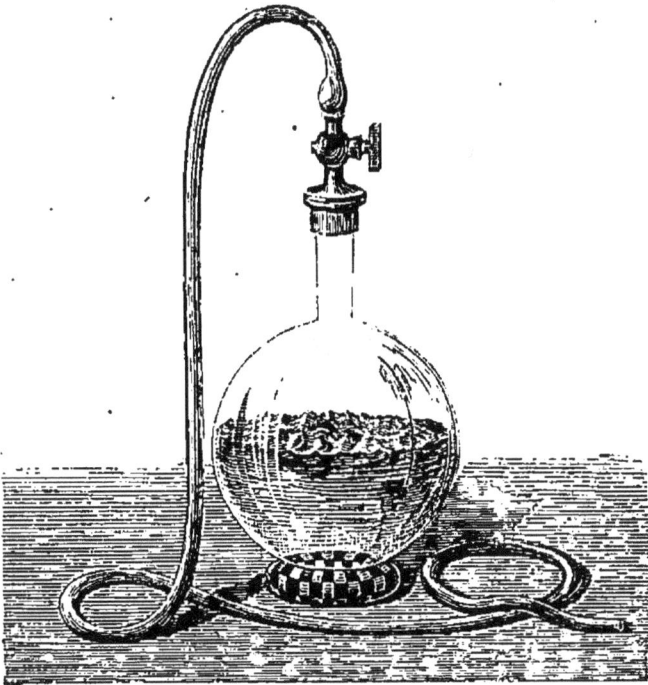

Fig. 11. — Ébullition de l'eau dans le vide.

fond du vase, comme il arrivait dans notre première expérience, prennent naissance dans les couches supérieures, parce que c'est dans ces couches
que la pression est plus faible. Du reste, l'ébullition
s'arrête bientôt ; cela tient à ce que la vapeur formée, en s'accumulant, presse elle-même la surface
de l'eau. En continuant alors de faire le vide, on

voit recommencer l'ébullition. En faisant un vide
aussi complet que possible, on pourrait faire bouillir de l'eau, sans que sa température dépassât beaucoup 0°, température de la glace fondante.

Voici une autre expérience, qui sert à montrer

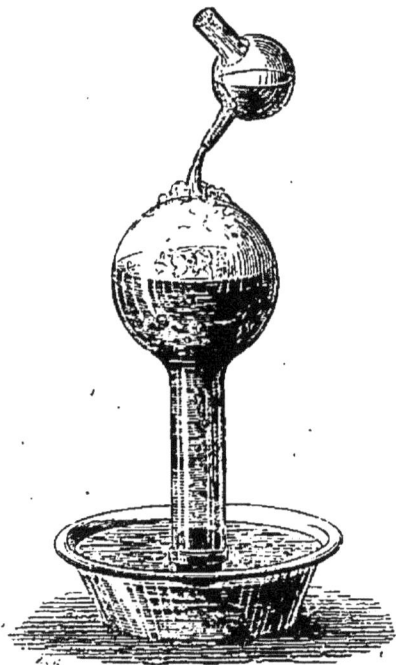

Fig. 12. Ébullition de l'eau par le refroidissement.

que l'eau peut bouillir ou se vaporiser par ébullition,
à une température moindre que 100°; mais c'est
toujours par le fait de la diminution de pression à
la surface du liquide. L'eau, contenue dans un ballon à long col, est d'abord soumise à l'air libre, et
sur un foyer ardent, à une ébullition assez prolongée pour que l'air du ballon soit chassé par la va-

peur qui s'échappe. On bouche alors le flacon, qu'on retire du feu, et pour éviter la rentrée de l'air, on le renverse le col plongé dans l'eau. Si alors on refroidit le ballon, en l'aspergeant d'eau froide, ou en le couvrant de morceaux de glace, la vapeur intérieure se condense ; le vide qui se forme détermine une diminution de pression, et l'ébullition recommence. Il semble ainsi qu'on fasse *bouillir de l'eau en la refroidissant.*

Cette expérience nous instruit aussi d'un fait d'une haute importance ; c'est qu'un abaissement de température ramène la vapeur, en partie du moins, à l'état liquide, en d'autres termes la condense. Nous reviendrons plus amplement tout à l'heure sur ce phénomène, inverse de celui de l'évaporation ou de la vaporisation.

Enfin, il y a un autre moyen de faire bouillir l'eau à une température moins élevée que 100° : c'est de s'élever en des points du sol où la pression atmosphérique soit inférieure à 760 millimètres. Et, en effet, l'expérience prouve que sur les montagnes l'eau bout à moins de 100°. De Saussure a trouvé 86° pour la température de l'ébullition de l'eau au sommet du mont Blanc : la hauteur du baromètre n'était alors que de 434 millimètres. Bravais et Martins ont fait des expériences semblables aux grands Mulets, sur les flancs du même mont : l'eau bouillait à 90° sous une pression de 529 millimètres. Ils ont trouvé pour

la température de l'ébullition au sommet du mont
Blanc, 84°,4 pour une pression barométrique de
424ᵐᵐ. Au sommet du mont Rose, Tyndall a trouvé
que l'eau bouillait à 84°,95. A Mexico, la température
de l'ébullition est de 92°. Ainsi, l'ébullition de l'eau
n'est pas nécessairement une preuve de la grande
élévation de sa température, puisque la température du point d'ébullition s'abaisse en même temps
que la pression extérieure. Dans les pays dont l'al-
titude est considérable, l'eau bouillante ne permettrait que difficilement, imparfaitement certaines
opérations culinaires. « A Londres, dit Tyndall, on
assure que, pour faire du thé parfait, l'eau bouillante (à 100°) est absolument nécessaire. S'il en
est ainsi, on ne pourrait pas se procurer cette bois-
son dans toute son excellence aux stations les plus
élevées des Alpes. »

On conçoit dès lors que, si au lieu de diminuer
la pression supportée par la surface du liquide, on
augmente cette pression, de manière à lui faire
dépasser la valeur de 760 millimètres, l'ébullition
en sera d'autant plus retardée que la pression sera
elle-même plus forte. Dans ces conditions, l'eau
bout à des températures qui peuvent être de beaucoup supérieures à 100°. Un moyen très-simple
d'accroître cette pression consiste à employer la
vapeur elle-même, la force élastique dont elle est
douée, force que nous mettrons bientôt en évidence

et dont nous étudierons les variations avec soin, puisque c'est sur elle que repose le principe même de la machine à vapeur.

C'est à Papin, à l'immortel inventeur de la machine à vapeur, qu'on doit la découverte de ce fait, qu'il sut utiliser en inventant la marmite connue aujourd'hui sous son nom, et dont il publia la description à Londres, en 1681, sous le titre de *New Digester*[1].

Voici en quoi consiste la marmite de Papin :

Un vase cylindrique, en fer ou en bronze, aux parois épaisses et résistantes, est fermé par un couvercle de même métal, qu'une vis de pression maintient appuyé contre les bords du vase. Celui-ci étant empli d'eau aux deux tiers, par exemple, et placé sur un foyer incandescent, de la vapeur se forme en quantité croissante ; mais comme elle n'a pas d'issue, elle s'accumule au-dessus du liquide, sur la surface duquel elle exerce une pression de plus en plus grande. L'eau peut ainsi atteindre, sans bouillir, une température dépassant de beaucoup

---

[1] La traduction française du *New Digester* a été publiée à Paris en 1682, sous le titre : *La manière d'amollir les os et de faire cuire toutes sortes de viandes en fort peu de temps et à peu de frais, avec une Description de la Machine dont il faut se servir pour cet effet, ses propriétés et ses usages confirmés par plusieurs expériences, nouvellement inventée par M. Papin, docteur en médecine;* chez Estienne Michallet, rue Saint-Jacques. Paris, 1682 ; un petit volume in-12, de 175 pages. (*Histoire des Machines à vapeur*, par M. Hachette.)

100°, capable, par exemple, de faire fondre certains métaux, de l'étain, du bismuth, du plomb[1].
Les légumes, la viande y cuisent plus rapidement
que dans l'eau bouillante ordinaire; les substances

Fig. 13. — Marmite de Papin ou *Nouveau Digesteur* (1681).

susceptibles de se dissoudre, comme la gélatine des
os, se ramollissent et se dissolvent très-aisément.
On a obtenu ainsi de la gélatine, en soumettant à
l'action de cette eau surchauffée, des os fossiles,

---

[1] L'étain fond à 235°; le bismuth, à 265°, et le plomb à 335°
centigrades.

ayant appartenu à des mastodontes et autres animaux antédiluviens, qui vivaient, il y a quelques
dizaines de milliers d'années.

La pression de la vapeur peut, dans certaines conditions, atteindre une force considérable, qui,
s'exerçant à la fois sur la surface liquide et sur les
parois du vase, risquerait de le faire éclater et rendrait dès lors l'expérience dangereuse. C'est pourquoi la marmite est munie d'une soupape de sûreté.
Un trou est percé dans le couvercle, et sur la pièce
mobile qui ferme ce trou s'appuie un levier dont
la grande branche supporte un poids qu'on peut
placer à une distance variable, suivant la pression limite qu'on ne veut pas dépasser. Si la température de l'eau qui correspond à cette limite est
franchie, la vapeur soulève le levier, s'échappe en
sifflant au dehors, où elle se condense sous l'apparence d'un nuage; la pression intérieure diminue
par le fait de cette projection de vapeur et le danger
d'explosion est conjuré.

La *soupape de sûreté*, telle que l'a inventée Papin,
est encore employée dans tous les appareils ayant
pour objet la génération de la vapeur.

# III

## FORCE ÉLASTIQUE DE LA VAPEUR

Étude plus intime du phénomène de l'ébullition. — La tension de la va
peur, pendant l'ébullition, est égale à la pression atmosphérique. —
Influence de la pureté de l'eau sur la température de l'ébullition ;
Influence de la nature du vase : ébullition dans les vases en verre,
dans les vases métalliques; expériences de Deluc, de Donny. — Ébullition de l'eau purgée d'air.

Revenons maintenant au phénomène de la formation de la vapeur d'eau par ébullition. Étu-
dions ce phénomène d'une façon plus intime.

Pourquoi d'abord avons-nous vu la température
d'ébullition varier avec la pression extérieure ? La
raison de ce fait est bien simple. C'est que la vapeur
d'eau, pour se dégager du fond du vase, doit être
douée d'une *force élastique* ou *tension* assez grande
pour surmonter la pression que supportent les couches inférieures du liquide, pression qui se compose de deux éléments, savoir : d'une part la pression de l'eau, d'autre part la pression atmosphérique.

Or, comme nous le verrons plus loin, la force élastique de la vapeur augmente avec la température.

Ainsi, à l'origine, quand se forment au fond du vase les premières bulles de vapeur, la tension de ces bulles est d'abord assez forte pour faire équilibre à cette double pression ; nous avons vu qu'elles s'élèvent à cause de leur légèreté spécifique ; mais comme les couches d'eau qu'elles traversent n'ont pas toutes encore la même température, que les plus élevées sont momentanément plus froides, les bulles se refroidissent en montant, elles se condensent sous l'influence de ce refroidissement, diminuent de grosseur et finalement s'évanouissent. C'est ce qui explique pourquoi elles repassent entièrement à l'état liquide avant d'avoir pu atteindre le niveau de l'eau dans le vase.

Peu à peu cependant, l'eau s'échauffe partout, soit par le mélange provenant des courants liquides ascendants et descendants, soit par la chaleur que lui cèdent en se condensant les bulles de vapeur, et à la fin la tension de ces dernières est assez forte pour qu'elles puissent conserver leur état en faisant leur ascension complète. On les voit apparaître à la surface de l'eau enveloppées de minces couches d'eau hémisphériques. En cet état, elles n'ont plus à supporter que la pression de l'atmosphère ; elles crèvent alors, provoquant de la sorte à la surface un mouvement tumultueux, indice visible de l'ébullition proprement dite. Il est donc bien évident que la tension de la vapeur est en ce moment précisément égale à la pression extérieure, à la pression atmosphérique, si le vase est ouvert et que l'ébullition se fasse à l'air libre.

Quand donc la pression atmosphérique diminue — c'est ce qui arrive chaque jour selon les circonstances météorologiques, c'est ce qui arrive encore si l'on s'élève sur une montagne, ou en ballon — la vapeur, pour faire équilibre à cette

Fig. 44.—Phase de l'ébullition complète. Les bulles crèvent à la surface.

pression plus faible, n'a pas besoin d'une température aussi grande. L'ébullition a lieu au-dessous de 100°. Il faut échauffer l'eau, au contraire, au-dessus de ce degré, si la pression extérieure augmente, résultat qu'on produit artificiellement en se servant de la tension même de la vapeur emprisonnée, comme on l'a vu dans l'expérience de la marmite de Papin.

4

Retenons donc ces deux lois qui président au phénomène de l'ébullition.

Première loi : la tension de la vapeur de l'eau ou d'un liquide quelconque en ébullition est toujours égale à la pression extérieure, c'est-à-dire à celle qui s'exerce à la surface du liquide ;

Deuxième loi : la température du liquide en ébullition reste constante pendant toute la durée de la vaporisation, si la pression extérieure reste invariable ; cette température d'ailleurs augmente ou diminue si la pression elle-même augmente ou diminue.

Dans tout ce que nous venons de voir, il n'a pas été question de deux circonstances qui exercent l'une et l'autre sur le phénomène de l'ébullition une influence notable : je veux parler de la pureté de l'eau et de la nature du vase dans lequel elle est contenue.

L'expérience montre que les substances simplement mélangées, ou en suspension dans l'eau ne modifient point la température d'ébullition, Il n'en est plus ainsi, quand ces substances sont combinées ou en dissolution.

Le liquide dissous, l'alcool par exemple, est-il plus volatil que l'eau ? en ce cas, le point d'ébullition s'abaisse ; il s'élève au contraire, si c'est un liquide dont la vapeur se forme moins facilement, comme l'acide sulfurique. Mais la vapeur produite n'est plus de la vapeur d'eau : c'est un mélange ou une combinaison des vapeurs de chaque liquide.

Enfin, quand la substance dissoute dans l'eau est un sel, la température du point d'ébullition est toujours plus élevée que celle de l'eau pure et cette élévation est d'autant plus grande que la proportion du sel en dissolution est plus forte elle-même. C'est ainsi qu'une dissolution de sel marin bout à 101°5, si la proportion est de 10 pour 100,

| à 103°5, | — | 20 | — |
| à 105°5, | — | 30 | — |
| à 108° , | — | 40 | — |

Aussi qu'arrive-t-il, quand on porte une dissolution saline à l'ébullition? c'est que l'évaporation la concentre. Quand l'ébullition est obtenue, la vapeur d'eau, se formant en grande quantité, la proportion relative du sel qui reste dissous augmente, la température monte progressivement, jusqu'à ce que, la dissolution ayant atteint son maximum de concentration, étant, comme on dit *saturée*, la température d'ébullition à ce moment devienne fixe, comme celle de l'ébullition de l'eau pure, mais toujours plus élevée qu'elle.

Une dissolution de sel marin est saturée, quand la quantité en poids de sel dissous dans 100 parties d'eau est 41,2 ; le point fixe d'ébullition est alors 108°,4. La dissolution saturée de sel ammoniac renferme 88,9 pour 100 et bout à 114°,2 ; celle de chlorure de calcium renferme 525 pour 100 et ne bout qu'à 179°,5.

Ces notions ne sont pas étrangères à notre sujet, tant s'en faut. Il est rare en effet que les eaux employées dans les machines à vapeur soient pures ; le plus souvent, elles contiennent en dissolution des matières étrangères, des sels de diverses natures ; l'eau de la mer, par exemple, est très-chargée de telles substances dont il importe de connaitre l'effet sur la production de la vapeur et qui, en se déposant sur les parois des chaudières, peuvent provoquer des explosions formidables.

Des raisons semblables nous engagent à dire quelques mots de l'influence qu'exercent sur l'ébullition les matières qui composent les parois du vase où l'eau est renfermée.

L'eau bout plus vite, c'est-à-dire à une température moins élevée, dans un vase en métal que dans un vase en verre. La qualité du verre, l'état de sa surface ont aussi une influence marquée sur le phénomène.

Dans un vase en verre dont la surface intérieure a été préalablement bien nettoyée, la formation des bulles gazeuses est plus lente : ces bulles sont grosses, peu nombreuses : on dirait qu'elles ont peine à se détacher du fond du vase. Fait-on bouillir l'eau

dans un vase métallique, on voit les bulles plus petites, mais aussi beaucoup plus nombreuses, partir de
tous les points de la paroi inférieure, et, comme
indice caractéristique de cette formation plus aisée
de la vapeur, on trouve que le point d'ébullition est
moins élevé que dans le verre : la différence peut
s'élever à 1 ou 2 degrés. Ce dernier point est facile à
constater. Prenons un vase en verre renfermant de
l'eau dont l'ébullition a cessé il y a peu d'instants,
c'est-à-dire dont la température a légèrement baissé :
projetons-y de la limaille métallique. Voici l'ébullition qui recommence, et ce qui montre bien quelle
est l'influence de la nature de la substance, c'est
que du verre en poudre projeté de la même manière produit moins d'effet que la limaille métallique.

Quelle est la raison de ces différences?

Qu'est-ce qui, dans le verre, s'oppose à la formation des bulles de vapeur?

Il y a là probablement une action moléculaire,
l'adhérence des molécules liquides qui, très-considérable pour le verre, est bien moindre pour une
surface métallique. Le changement d'état, le passage
de l'état liquide à l'état gazeux éprouve, pour se produire dans le premier cas, une résistance plus grande
que dans le second. Quand une première bulle a
réussi à se former au contact du verre, elle augmente
de volume pour deux motifs, par accroissement

de température d'abord, ensuite par la formation de nouvelle vapeur sur la surface sphérique interne de la bulle. La tension de la vapeur devenant tout à coup plus forte que la pression subie, il en résulte les soubresauts qu'on remarque alors, quelquefois même la projection violente d'une portion de liquide hors du vase.

Dans un vase en verre, en verre *vert* notamment, dont la surface interne n'a pas été préalablement bien nettoyée, les poussières qui tapissent le fond provoquent la formation de la vapeur, tout comme il arrive quand on y jette des parcelles de limaille.

Ce n'est pas seulement l'adhérence de l'eau pour le verre que doit vaincre une molécule d'eau chauffée à 100° pour se convertir en bulles de vapeur, c'est encore la cohésion, la force qui unit cette molécule à toutes les molécules qui l'entourent. Cette cohésion est d'autant plus grande que l'eau est plus pure et surtout qu'elle est mieux purgée d'air. L'air en dissolution dans l'eau semble jouer le rôle d'un diviseur qui a préparé les molécules liquides à la séparation. Et, de fait, l'expérience confirme cette manière de voir.

Le physicien Deluc ayant enfermé dans un matras à long col de l'eau purgée d'air, put la porter à une température de 112° sans qu'elle entrât en ébullition. Plus tard, un grand nombre d'expériences décisives dues à M. Donny ont mis en évidence cette action de l'air dissous dans l'eau sur l'ébullition du liquide. Voici l'une de ces expériences.

Un tube doublement recourbé et terminé à l'une de ses extrémités en forme de boule (fig. 15) renferme de l'eau complétement purgée d'air. Cette condition essentielle a été obtenue en faisant bouillir

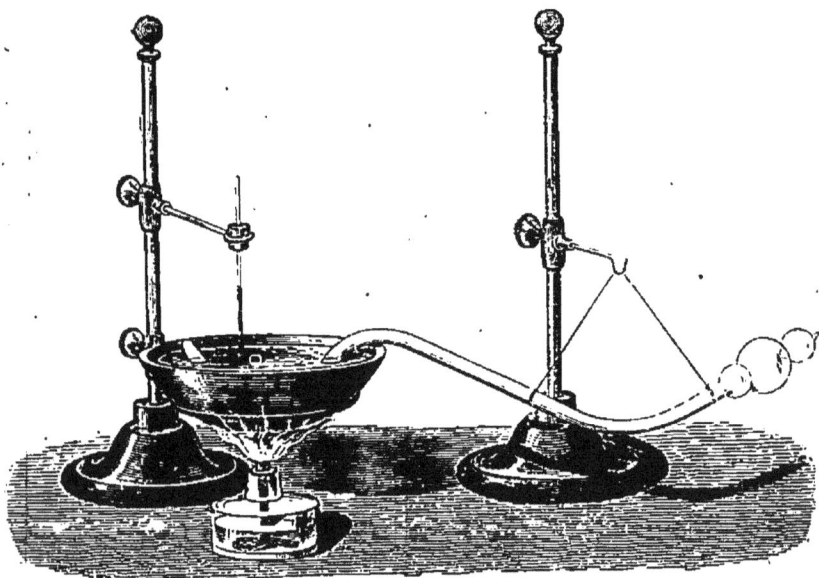

Fig. 15. — Expérience de Donny sur l'ébullition de l'eau purgée d'air.

l'eau dans le tube encore ouvert; la vapeur qui se dégage chasse peu à peu l'air du tube ainsi que celui qui était dissous dans l'eau ; on ferme à la lampe dès qu'on est assuré qu'il n'y a plus dans le tube que de l'eau et sa vapeur. On a ainsi une sorte de marteau d'eau dont on plonge la partie recourbée contenant le liquide refroidi dans un bain d'huile. On chauffe ce dernier à l'aide d'une lampe à alcool,

et l'on constate alors par le thermomètre que la température peut être portée à plus de 130°, sans que
l'ébullition se produise. A la température de 138°,
la vapeur se forme tout à coup et si brusquement,
que l'eau du tube est projetée à l'extrémité située
hors du bain. Le choc qui en résulte est amorti par
les boules ; il peut arriver cependant que l'appareil
éclate avec explosion.

Les circonstances dans lesquelles la vapeur se produit brusquement, d'une façon irrégulière et en
quantités plus considérables que dans les conditions ordinaires ou normales, méritent un examen
spécial, parce qu'elles peuvent se rencontrer dans
les chaudières des machines à vapeur et donner lieu
à de graves accidents, à des explosions dangereuses.

On vient de voir un exemple de cette brusque
production de la vapeur dans l'ébullition de l'eau
purgée d'air. En voici un autre qui n'offre pas un
moindre intérêt.

Si l'on fait tomber quelques gouttes d'eau sur un
creuset de métal incandescent, le liquide se rassem-
ble et s'arrondit sous la forme d'un globule qui
demeure transparent, sans que la température à
laquelle on le croirait soumis le mette en ébullition.
Tantôt le globule reste immobile, tantôt il tourne
rapidement sur lui-même, et alors il a l'apparence
d'une étoile ; il s'évapore et diminue ainsi peu à peu

de volume, mais avec lenteur, et il ne disparaît tout
à fait qu'après un temps assez long.

En cet état, l'eau ne mouille pas le métal, il n'y a
pas contact entre la surface inférieure du globule et
celle du creuset, et l'on a pu s'assurer qu'une mince
couche de vapeur, celle que produit l'évaporation,
est interposée entre les deux corps dont elle empêche
le contact. Comment une si faible quantité de
liquide, si voisine d'une source de chaleur intense,
n'est-elle pas plus promptement réduite en vapeur?
Comment résiste-t-elle à l'ébullition?

Il y a de ce phénomène singulier deux raisons:
la première, c'est que le métal ne peut échauffer
par conductibilité l'eau qu'il ne touche pas et qui en
est séparée par une couche protectrice de vapeur,
couche dont la conductibilité est elle-même très-
faible; c'est par rayonnement que l'échauffement
pourrait avoir lieu. Or la chaleur ainsi envoyée au
globule par le métal incandescent est en partie ré-
fléchie à la surface du liquide, en partie employée
à l'évaporation active qui se fait à cette surface; et,
comme l'eau est une substance diathermane, lais-
sant passer les rayons de chaleur sans s'échauffer
elle-même, il n'y a, en définitive, qu'une très-petite
quantité de chaleur qui soit réellement absorbée et
propre à élever la température du globule.

Le globule reste donc à une température inférieure à 100°, et dès lors ne peut bouillir. Mais les

choses ne se passent ainsi que quand il y a absence de contact entre le globule et le métal du creuset ; ce qui exige que la température de ce dernier dépasse une certaine limite, que l'expérience a permis de déterminer. Température variable d'ailleurs avec la nature du liquide : elle est de 140° pour l'eau environ.

Si donc on vient, pendant que le globule d'eau est sur le creuset, à laisser peu à peu refroidir ce dernier, au moment où sa température s'abaisse à 140°, le contact s'établit entre le métal et la petite masse d'eau ; le globule prend rapidement la température de l'ébullition, il bout avec violence et se réduit presque aussitôt entièrement en vapeur. C'est là un fait que nous devrons nous rappeler, quand il s'agira de chercher les causes de l'explosion des chaudières à vapeur.

## FORCE ÉLASTIQUE OU TENSION DE LA VAPEUR. — SA MESURE

Lois de formation et tension des vapeurs dans le vide. — Tension maximum et saturation. — Variations de la tension maximum, avec la température ; énoncé des lois de Dalton. — Echelle des tensions depuis 2° au-dessous de 0°, jusqu'à 230° au-dessus. — Tensions de diverses vapeurs.

Parmi les propriétés des vapeurs et surtout de la vapeur d'eau, il en est une qui nous intéresse plus particulièrement : je veux parler de leur *force élastique ou tension*. C'est cette force, en effet, qui est le principe du mouvement des machines à vapeur. Il est absolument nécessaire de bien connaître et comprendre les lois des variations de cette force et de savoir en mesurer l'intensité, si l'on veut se rendre compte du fonctionnement des divers organes de ces machines.

Les effets mécaniques de la vapeur d'eau sont connus, nous l'avons dit, depuis la plus haute antiquité. Une marmite contenant de l'eau en ébullition a suffi pour faire constater l'existence de la force élastique en question : un couvercle fermant un peu hermétiquement l'ustensile de ménage est soulevé par la vapeur, qui cherche une issue. Et voilà, pour qui sait voir et observer, la tension de la vapeur d'eau reconnue.

Mais de là à en déterminer les lois, il y avait loin. Le premier physicien qui ait fait cette étude avec précision est le savant anglais Dalton, sous le nom duquel on connaît les lois de la formation et de la tension des vapeurs dans le vide. Décrivons rapidement et succinctement les expériences qui ont conduit Dalton à formuler ces lois.

L'appareil employé est des plus simples. C'est un tube barométrique qu'on peut à volonté élever ou abaisser dans la cuvette pleine de mercure d'un baromètre, dont le niveau supérieur va servir, comme on va le voir, de repère ou de terme de comparaison.

Au début de l'expérience, le mercure des deux tubes s'élève à une même hauteur au-dessus du niveau de la cuvette, et cette hauteur mesure, comme on sait, la pression atmosphérique, la force élastique avec laquelle l'air extérieur presse la surface du mercure de la cuvette. Dans les deux chambres barométriques, il y a le vide.

Introduisons maintenant sous l'un des tubes, comme l'a fait Dalton, à l'aide d'une pipette recourbée, un petit volume du liquide dont il s'agit d'étudier la vapeur. Ce sera de l'eau, si vous voulez.

Aussitôt que l'eau, par sa légèreté spécifique, a monté dans le tube et pénétré dans le vide barométrique, on voit le niveau du mercure se dé-

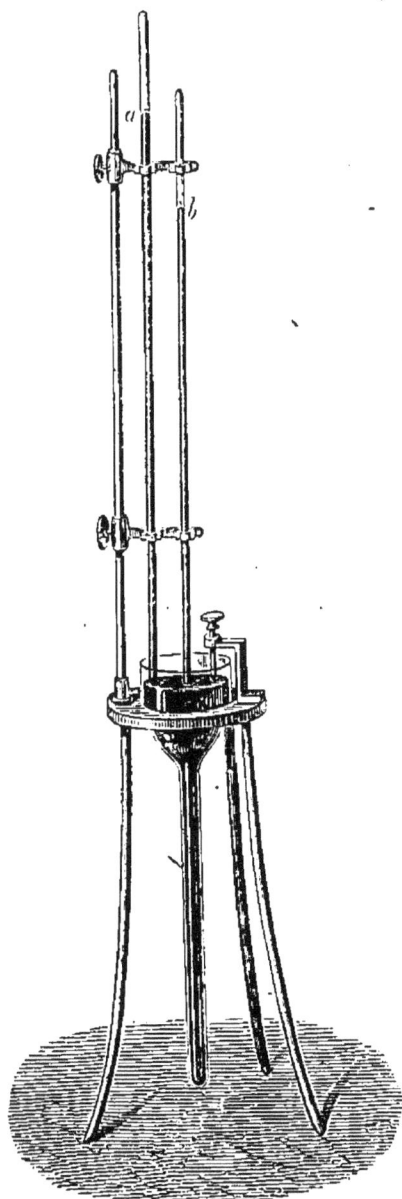

Fig. 16. — Loi de formation et de tension des vapeurs dans le vide.

primer et s'abaisser jusqu'à un certain point *b*.
A quoi est due cette dépression instantanée? Évidemment à la vapeur d'eau qui s'est formée dès que le liquide a pénétré dans l'espace vide de la chambre. On peut s'assurer, en effet, ou bien que le liquide a disparu complétement, ou s'il en reste encore au-dessus du mercure, que son volume a diminué.

Que prouve cette première expérience? Que, dans le vide, les liquides se réduisent spontanément en vapeur, et que cette vapeur est douée d'une certaine force élastique ou tension. La différence de niveau des surfaces *a*, *b*, du mercure dans les deux tubes est d'ailleurs la mesure de cette force, qu'on peut comparer ainsi à la pression atmosphérique au moment de l'expérience.

Examinons maintenant à part chacun des cas qui peuvent se présenter.

Supposons que tout le liquide introduit ne se soit pas réduit en vapeur, qu'il en reste un excédant au-dessus du mercure. Abaissons rapidement le tube dans la cuvette : que voyons-nous? Le niveau *b* reste à la même hauteur au-dessus du mercure de la cuvette, bien que la chambre barométrique ait diminué de volume, c'est-à-dire bien que l'espace occupé par la vapeur soit moins grand qu'au début de l'expérience. Il faut en conclure que la force élastique de la vapeur n'a pas changé. Seulement, la quantité de liquide qui surnage a augmenté.

comme on peut le voir, ce qui provient évidemment du retour d'une partie de la vapeur d'eau à l'état liquide. Si, au lieu d'eau, on employait, pour les expériences que nous venons de décrire, un liquide très-volatil comme l'éther ou l'alcool absolu, l'accroissement d'épaisseur de la couche liquide qui surmonte le mercure serait plus aisément appréciable. Remontons maintenant le tube à son premier niveau ; les choses reprendront leur premier état, et si l'on continue à agrandir la chambre barométrique par l'ascension du tube, on reconnaîtra que le niveau *b* reste invariable tant que le liquide reste en excès, c'est-à-dire n'est point entièrement vaporisé.

Arrive un moment, toutefois, où l'eau est entièrement réduite en vapeur. Là, encore, le niveau *b* n'a point changé ; mais si l'on continue à soulever le tube, le mercure remonte progressivement ; *b* se rapproche du point *a* sans d'ailleurs jamais l'atteindre. Quand la vapeur n'est plus en contact avec le liquide qui l'a formée, sa tension diminue donc : elle devient d'autant plus faible que l'espace vide occupé par cette vapeur est plus grand. Dans cette condition particulière, la vapeur se comporte comme un gaz, et la loi des variations de sa tension est, en effet, la même que la loi de Mariotte[1].

---

[1] Cette loi, qui a été découverte par le physicien du dix-hui-

Enfin, si l'on abaisse de nouveau le tube dans le prolongement de la cuvette,. on voit à mesure augmenter la pression de la vapeur jusqu'à sa valeur primitive. Le niveau du mercure revient en *b*, mais à partir de ce moment, il reste encore invariable, et une partie de la vapeur reprend l'état liquide comme auparavant.

De ces nouvelles expériences Dalton a conclu :

Que la vapeur d'un liquide qui s'est vaporisé dans le vide atteint un degré de force élastique ou de tension maximum qui reste invariable, tant qu'un excès de liquide reste en contact avec l'espace plein de vapeur. On dit alors que l'espace en question est *saturé* [1].

N'oublions pas, d'ailleurs, que les expériences qu'on vient de décrire sont supposées faites à une température rigoureusement invariable, et que les lois que Dalton en a conclues, s'appliquent aux vapeurs des liquides quelconques. Mais, pour une même température, la tension maximum de chaque espèce de vapeur est loin d'être la même, ainsi

---

tième siècle dont elle porte le nom, peut s'énoncer ainsi : « Les volumes occupés par l'air ou par tout autre gaz varient en raison inverse des pressions que ces gaz supportent. » Cette loi n'est plus rigoureusement exacte, quand les expériences ont lieu à des températures voisines des points de liquéfaction,

[1] Par un défaut de langage qu'on devrait éviter, on dit souvent que, dans ces conditions, la vapeur est elle-même *saturée*.

qu'on peut s'en rendre compte avec l'appareil de la figure 17, qui est connu sous le nom de *faisceau barométrique*.

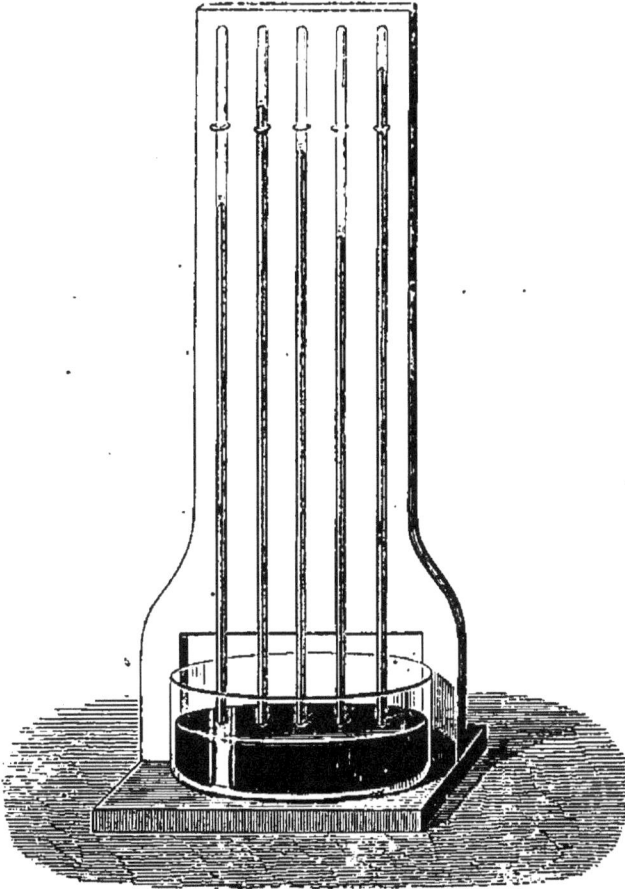

Fig. 17. — Faisceau barométrique. Inégalité des tensions maxima des vapeurs de différents liquides à la même température.

Ce sont des tubes barométriques dans les chambres desquels on a introduit divers liquides, de l'eau, de l'alcool, de l'éther, du sulfure de carbone, etc. En déterminant, comme l'a fait Dalton, la tension maximum de la vapeur de chacun d'eux, on voit, par la différence des niveaux du mercure dans les tubes, que ces tensions sont essentiellement différentes à une même température.

Il nous reste maintenant à dire comment varie la tension d'un espace saturé de vapeur, quand on fait passer la température par toutes ses valeurs entre deux limites extrêmes.

L'expérience montre que la force élastique de la vapeur quand l'espace est saturé, ou sa tension maximum, varie avec la température, décroissant si celle-ci s'abaisse, augmentant au contraire si elle s'élève. D'ailleurs, cet accroissement est rapide. Ainsi nous savons qu'à 100°, la vapeur d'eau a une tension maximum de 760 millimètres de mercure, égale à ce qu'on nomme en physique *une atmosphère*. Or, à 150°, elle atteint la valeur de 4 atmosphères 1/2, à 200°, celle de 15 atmosphères. Pour des températures inférieures à celle de l'ébullition ; cette loi de progression se présente pareillement. A 0°, la force élastique maximum de la vapeur n'est que de 4$^{mm}$,6 de mercure ; à 50°, elle atteint 91 millimètres, près de 20 fois aussi grande qu'à 0°; à 100°, elle a une valeur 165 fois aussi considérable.

L'étude de ces variations, si importante pour la théorie des machines à vapeur, a été l'objet, de-

puis Dalton, de grands travaux auxquels se ratta-
chent les noms de plusieurs savants ; citons ceux
de Dulong et d'Arago et, parmi les physiciens contemporains, ceux de M. Magnus et surtout de M. Regnault. La mesure des tensions des vapeurs, de la
vapeur d'eau notamment, a été déterminée avec une
précision extrême pour un grand nombre de températures, depuis les plus basses jusqu'aux plus
élevées qu'on ait pu produire sans redouter des accidents, des explosions dangereuses. Voici un tableau qui donne les tensions maxima de la vapeur
d'eau saturée, depuis 20° au-dessous de la glace
jusqu'à 230° au-dessus de 0°. C'est vers cette limite
que les expériences de M. Regnault ont dû s'arrêter : à 232°, la tension de la vapeur égalait environ
30 fois la pression atmosphérique, mais cette force
pressait la chaudière où la vapeur était emprisonnée avec une telle puissance qu'un boulon de l'ar-
mature qui consolidait les parois se rompit. Il fal-
lut s'arrêter. On comprendra la nécessité de cette
mesure de prudence, si l'on veut bien songer que
chaque décimètre carré de la paroi interne de la
chaudière supportait alors une pression équiva-
ente à un poids de 3,100 kilogrammes.

| DE LA VAPEUR D'EAU | TENSIONS DE LA VALEUR D'EAU SATURÉE EXPRIMÉES | |
| --- | --- | --- |
| | EN MILLIMÈTRES DE MERCURE | EN ATMOSPHÈRES |
| — 20° | 0$^{mm}$,40 | 0.0012 |
| — 10 | 2 08 | 0.0027 |
| 0 | 4 60 | 0.0027 |
| + 10 | 9 16 | 0.0060 |
| 20 | 17 39 | 0.0120 |
| 40 | 54 91 | 0.0228 |
| 60 | 148 79 | 0.0723 |
| 80 | 354 62 | 0.1957 |
| 100 | 760 00 | 1. 000 |
| 120 | 1491 28 | 1. 962 |
| 140 | 2717 63 | 3. 575 |
| 160 | 4651 62 | 6. 120 |
| 180 | 7516 40 | 9. 916 |
| 200 | 11689 00 | 15. 380 |
| 220 | 17390 36 | 22. 882 |
| 230 | 20926 40 | 27. 535 |

C'est vers 121° que la pression de la vapeur d'eau atteint 2 atmosphères ; de 121° à 145°, elle double de valeur ; elle double une troisième fois et atteint 8 atmosphères à 172°; elle en vaut 16 vers 204°, et enfin on calcule qu'à 266°, la tension maximum de la vapeur d'eau saturée atteindrait l'énorme puissance de 50 atmosphères.

Terminons ce sujet un peu aride, trouvera-t-on peut-être, mais d'un si haut intérêt théorique et pratique, par quelques chiffres propres à montrer combien, à des températures égales, les tensions maxima des vapeurs saturées de divers liquides sont différentes. Nous prenons pour exemple des vapeurs qui ont été l'objet d'essais pour l'application aux machines motrices.

À 100°, la vapeur d'eau a pour mesure de sa tension 760ᵐᵐ de mercure.

| TENSIONS DES VAPEURS | D'ÉTHER | D'ALCOOL | D'ACÉTONE | DE CHLOROFORME | DE CHLORURE DE CARBONE | DE SULFURE DE CARBONE |
|---|---|---|---|---|---|---|
| à 100°.. | 4953ᵐᵐ | 1697ᵐᵐ | 2796ᵐᵐ | 2428ᵐᵐ | 1467ᵐᵐ | 5225ᵐᵐ |
| à 120°.. | 7719 | 3231 | 4551 | 3925 | 2593 | 5145 |

On voit de combien il s'en faut que les vapeurs saturées de liquides différents aient, à une même température, la même tension maximum. Mais n'oublions pas qu'il y a un point, qui est celui de l'ébullition, où la vapeur de chacun d'eux a la même tension, celle de la pression atmosphérique au moment de l'expérience. Eh bien, des températures égales à partir de ce point, donnent approximativement la même tension maximum pour la vapeur des divers liquides. Par exemple, l'éther bout à 37°. De sorte que les températures de 100° et de 120°, indiquées plus haut, marquent des points éloignés respectivement du point d'ébullition, de 63° et de 83°. Pour la vapeur d'eau, les températures équidistantes et correspondantes sont donc 163° et 183°. Or, à ces points, on trouve 4940ᵐᵐ et 7700ᵐᵐ pour la tension de la vapeur d'eau saturée ; on voit que c'est, à peu près, les nombres qui mesurent les tensions de la vapeur d'éther à 100° et à 120°.

Dalton avait cru pouvoir formuler ce rapprochement de la façon suivante : *Toutes les vapeurs ont la même tension, à une température également distante du point d'ébullition de chaque liquide.* Mais ce n'est pas une loi rigoureusement exacte.

# IV

## LA VAPEUR D'EAU DANS L'ATMOSPHÈRE

Formation de la vapeur dans l'air : ses lois sont les mêmes que dans le vide ; mais le passage de l'eau à l'état gazéiforme est beaucoup plus lent.

L'ébullition de l'eau est un phénomène qu'on peut généralement considérer comme artificiel, en ce sens que presque toujours il faut l'intervention de l'homme pour obtenir la température élevée nécessaire à sa production.

Au contraire, la formation de la vapeur par évaporation ayant lieu à toute température, est un phénomène qui se manifeste à tout instant dans la nature ; et comme l'eau se trouve pour ainsi dire universellement répandue à la surface du sol, l'étude de la vapeur dans l'air ou dans l'atmosphère embrasse un nombre considérable de phénomènes qui se renouvellent sans cesse. Ces phénomènes il est vrai, sont du ressort de la branche de la physique à laquelle on donne le nom de *météoro-logie*. Mais bien que nous ayons ici en vue surtout les applications mécaniques de la vapeur, il ne nous paraît pas superflu de jeter un coup d'œil sur cet ordre de faits, et de suivre ainsi la vapeur d'eau, depuis la chaudière des machines, jusque dans les profondeurs dè l'enveloppe gazeuse qui entoure notre planète, et dans laquelle nous naissons, vivons et mourons. N'est-ce pas le .cas de dire en parlant de l'air, comme ce Père de l'Église un peu entaché, croyons-nous, de panthéisme le disait en parlant de Dieu : *In eo vivimus, movemur et sumus?*

Rappelons deux circonstances de la formation des vapeurs dans le vide. En premier lieu, l'eau introduite dans l'espace vide s'y réduit spontanément en vapeur, et cela quelle que soit la température: En second lieu, la vapeur formée atteint aussitôt une force élastique maximum, variable avec cette température et croissant rapidement avec elle. Mais alors une condition nécessaire pour que la vapeur atteigne cette limite, c'est que, dans l'espace rempli par celle-ci, il reste encore un excès de liquide, si petit qu'il soit. A partir de ce moment, il cesse de se former de nouvelles vapeurs, l'espace étant, comme nous l'avons vu, *saturé*.

En cet état, il y a deux manières d'augmenter la force élastique ou la tension de la vapeur : la première consiste à diminuer la pression extérieure ou atmosphérique ; la seconde, à accroître la température. Il est clair que, par les deux moyens inverses, l'augmentation de pression ou la diminution de température, le phénomène contraire se produira, c'est-à-dire la force élastique de la vapeur deviendra moindre ; mais alors une certaine portion de cette vapeur se condensera ou reprendra l'état liquide.

Maintenant, que deviendront toutes ces lois, si la vapeur, au lieu de se former dans le vide, se produit dans l'air ?

Et d'abord, dans un espace limité ?

L'expérience montre en ce cas que la vapeur se produit encore en se mélangeant avec l'air de l'enceinte. Mais la formation en est grandement ralentie, et le point de saturation n'est atteint qu'au bout d'un temps plus ou moins long, tandis que dans le vide il l'est instantanément. Seulement la loi reste la même : la tension maximum de la vapeur qui sature l'espace plein d'air est précisément la même que dans le vide, toutes les autres conditions de pression et de température restant égales.

### LA V    UR D'EAU    A SURFACE DU SOL

L'eau à la surface de la terre : les mers, les lacs, les cours d'eau. —
Évaporation continue ; nuages ; brumes et brouillards. — Il ne faut pas
confondre la vapeur d'eau et les nuages ; la véritable vapeur est invisible et parfaitement transparente. — L'air humide renferme le plus
souvent très-peu de vapeur.

Les trois quarts, au moins, de la surface du globe
terrestre sont recouverts par les eaux de l'Océan.
De plus, les continents et les îles sont eux-mêmes
sillonnés d'une multitude de fleuves, de rivières, de
lacs qui exposent à l'air libre, à des températures
très-diverses et très-variables, l'eau qu'ils renferment.

L'eau existe encore, sur la Terre, dans le sol lui-
même que les pluies, les ruisseaux périodiquement
inondent. Cette humidité, il est vrai, ne demeure
pas longtemps à la surface et la partie qui est imbi-
bée va s'infiltrer dans les couches plus profondes,
où elle donne naissance aux sources et les entretient.

Que devient celle qui reste ainsi exposée à
l'air ?

Elle se réduit spontanément en vapeur avec une
abondance qui varie selon la pression atmosphérique
et la température des couches d'air en contact avec
les couches aqueuses. Il y a même là un phéno-

mène qui semble paradoxal, quand on le met en regard de la loi de formation des vapeurs. En effet, à la surface du sol, la pression atmosphérique que supporte nécessairement la surface d'un liquide dépasse de beaucoup ordinairement celle qui mesure la tension maximum de la vapeur aux températures ordinaires. Il semble donc que cette pression devrait empêcher l'évaporation de se faire. Mais il ne faut pas oublier que des gaz mis en présence comme l'air et la vapeur sont doués d'une expansibilité indéfinie, et qu'il en résulte pour eux une tendance à se mélanger qui, en effet, se réalise.

La vapeur qui se forme à la surface de l'eau des mers ou des rivières, se mélange donc à l'air, dont elle imprègne d'abord les couches les plus voisines. Si ces couches aériennes sont en repos, elles sont bientôt saturées de vapeur, et l'évaporation s'arrête alors, après s'être d'autant plus ralentie que le point de saturation approchait plus d'être atteint; mais s'il existe un vent plus ou moins fort qui renouvelle l'air, l'évaporation sera plus rapide, parce qu'à l'air mélangé de vapeur succède de l'air qui en renferme une moindre quantité. Ainsi s'explique la rapidité avec laquelle sèche le linge mouillé qu'on étend dans un courant d'air, ou le sol détrempé par une pluie à laquelle succède une brise un peu vive.

L'évaporation est d'ailleurs accélérée par l'éléva-

tion de température. L'action des rayons solaires
est, sous ce rapport d'une grande efficacité, et la
sécheresse primitive de l'air n'a pas une moindre
influence : pour que le vent produise au plus haut
degré l'effet dont il vient d'être question, il importe
qu'il soit le moins humide possible, c'est-à-dire
que les couches d'air qu'il amène avec lui et dont
le mouvement le constitue contiennent le moins de
vapeur possible, eu égard à sa température. Tout
cela dépend, pour une même station à la surface de
la terre, de l'époque ou de la saison de l'année, de la
direction du vent, de la température régnante, etc.
Tel vent qui, chargé à son origine d'une grande
masse de vapeur, arrive en une contrée après
avoir traversé de longs espaces continentaux ou
frôlé des chaînes de montagnes élevées, est un
vent sec pour les régions qu'il visite en dernier
lieu, parce que la vapeur qu'il portait s'est refroidie en route, s'est condensée en brouillard, en
neige ou en pluie. L'air, saturé au départ, est de
l'air sec à l'arrivée. Les vents d'est ou de nord-est
ont ce caractère dans le centre et le nord de la
France. Les vents d'ouest ou de sud-ouest qui nous
arrivent de l'océan Atlantique sont au contraire des
vents humides, chargés des vapeurs formées à la
surface de longues plaines maritimes, vapeurs qui
se condensent en nuages épais sur le continent
européen.

Les nuages, les brouillards, les brumes plus ou moins épaisses ou légères sont donc le produit de l'évaporation aqueuse à la surface du globe, des continents ou des mers.

Oui, cela est vrai. Mais il ne faut pas les confondre avec la vapeur d'eau elle-même, qui est toujours invisible dans l'atmosphère. Cette confusion, que les savants du dernier siècle faisaient encore, nous l'avons vu plus haut, existe toujours aujourd'hui dans l'esprit de bien des personnes qui n'ont pas une notion bien nette de la nature physique des gaz et de la vapeur, laquelle n'est autre chose qu'un liquide devenu gazeux sous l'influence d'un accroissement de température ou d'une diminution de pression.

La vapeur d'eau est un gaz d'une parfaite transparence, dont l'accumulation dans l'atmosphère ne produit immédiatement aucun trouble. Quand l'eau dont elle est formée devient visible sous l'apparence de nuages, de brouillards, c'est qu'une certaine quantité de cette vapeur s'est, pour une cause quelconque, condensée, a repassé à l'état liquide.

Il est vrai que, dans le langage ordinaire, le mot *vapeurs* s'entend fort bien de toute masse à forme indécise à laquelle sa légèreté spécifique permet de flotter dans l'air, comme la fumée. Ainsi le ciel est vaporeux quand il est chargé de nuages, ou quand l'atmosphère est troublée, dans sa transparence, par des brouillards. Par les temps froids, l'haleine des personnes, celle des animaux laisse échapper une légère trainée qu'on prend pour de la vapeur, tout comme le panache blanchâtre qui s'échappe par bouffées de la cheminée d'une locomotive. L'idée qu'on se fait ainsi est·fausse ; elle provient d'une locution inexacte. Dans tous les exemples que je viens d'indiquer, c'est bien la vapeur d'eau qui a donné naissance à la nuée plus ou moins blanche et plus ou moins opaque qu'on observe ; mais ce qu'on voit n'est plus, à dire vrai, de la vapeur. C'est la réunion d'une multitude de gouttelettes très-fines, de particules d'eau très-ténues, qui quelque-fois s'évaporent à nouveau, et d'autres fois se réu-nissent, se condensent davantage, tombent en pluie plus ou moins fine, quand le poids de chacune d'elle est devenu assez fort pour vaincre la résis-tance de l'air qui jusque-là les a supportées.

Pourquoi, quand on chauffe de l'eau dans un vase, voit-on une buée s'échapper à travers les fis-sures du couvercle ? N'est-ce pas là le phénomène lui-même de l'évaporation, que suit d'ailleurs la vaporisation proprement dite, dès que la tempéra-ture de l'ébullition se trouvera atteinte ? Oui, mais ces nuages qui s'élèvent à la surface de l'eau ne sont plus de la vapeur ; celle-ci en traversant les cou-ches d'air qui surplombent le vase, couches plus froides que l'eau, se condense immédiatement à.

cause du refroidissement qu'elle éprouve; elle se
répand, en vertu de sa force expansive, dans l'espace environnant, où sa dissémination extrême la
rend invisible. Mais alors, on peut observer le
dépôt de gouttelettes humides sur les corps voi-
sins, et notamment sur la face interne du couvercle du vase; elles s'y accumulent en gouttes
plus grosses qui ruissellent.

Les remarques qui précèdent ont, pour l'explication et l'intelligence des phénomènes météorologiques, une grande importance. Ainsi encore, on croit
généralement que les temps de brume et de brouillards sont ceux où l'air renferme la plus grande
quantité de vapeur d'eau. C'est le plus souvent une
erreur. Ordinairement, les brouillards coïncident
avec une température assez basse, et c'est l'air froid
qui en condensant la vapeur rend l'eau atmosphérique visible. L'air est très-humide, mais renferme
fort peu de vapeur. Au contraire, en été, quand la
température est élevée, la vapeur existe dans l'air
en quantité considérable, comme il est aisé de le
comprendre; toute l'humidité, toute l'eau qu'il
contenait s'est réduite en vapeur. Comme alors elle
existe à l'état de gaz d'une transparence parfaite,
le ciel est pur, les objets sont visibles au loin; l'air
est sec, parce que, grâce à la chaleur, la vapeur
d'eau est éloignée de son point de saturation et ne
se condense pas sous forme de brume.

Voilà pour les régions inférieures de l'air. Dans les régions supérieures, au contraire, éloignées du sol et de la chaleur que le sol échauffé par le soleil communique de proche en proche aux couches aériennes, il arrive que la vapeur d'eau, qui en s'élevant de la terre, en se dilatant, s'est déjà refroidie, atteint des couches où la température de saturation existe. La condensation de cette vapeur produit les nuages, brouillards élevés qui sont dans un état presque perpétuel de transformation. Tantôt ils se réunissent ou s'accroissent par une nouvelle condensation, selon les fluctuations incessamment variables des courants atmosphériques.

De là, les pluies, tantôt douces et continues, tantôt abondantes et violentes, les phénomènes des orages, la formation de la grêle, où l'électricité vient alors jouer son rôle.

### LA VAPEUR D'EAU RÉGULATEUR DE LA TEMPÉRATURE

Quantité moyenne de vapeur d'eau contenue dans l'air. — Cette quantité très-faible a une influence considérable sur les phénomènes météorologiques; pluies tropicales. — La vapeur d'eau de l'atmosphère est un écran qui joue le rôle de régulateur de la température.

La quantité absolue de la vapeur d'eau que contient l'air en est toujours une très-petite fraction. Je viens de dire qu'elle varie beaucoup; mais, si

l'on considère la quantité moyenne, voici ce qu'elle
est, d'après Tyndall. « L'oxygène et l'azote, dit-il,
forment à eux seuls les 99 centièmes et demi de
notre atmosphère (0.995). Sur les cinq autres
millièmes, 45 centièmes sont de la vapeur d'eau
(0.00225), le reste est de l'acide carbonique. »

Mais, quelque faible que paraisse cette proportion, il faut reconnaître que l'action de la vapeur
d'eau atmosphérique est considérable. C'est à sa
présence qu'est due la presque totalité de l'absorption de la chaleur rayonnante par l'atmosphère.
C'est ce que le physicien dont nous venons de citer
le nom, a mis en pleine évidence par une série d'expériences remarquables [1]. Bornons-nous à
citer les conséquences que Tyndall en tire pour
l'explication de divers phénomènes de météoro-
logie.

« Il importe, dit-il, de faire remarquer que la vapeur, qui absorbe si avidement la chaleur, doit aussi
la rayonner abondamment. J'imagine que ce second
fait doit jouer un très-grand rôle sous les tropiques.
Nous savons que le soleil fait monter de l'Océan qui
entoure l'équateur d'énormes quantités de vapeur,
et que, immédiatement, dans la région des calmes,
alors que le soleil darde encore ses rayons presque
à plomb, la pluie, due à la condensation de cette

---

[1] Voyez notamment la XIe leçon de son ouvrage sur *la Chaleur*.

vapeur, tombe à torrents. Jusqu'à présent, on attri-
buait ces pluies au refroidissement qui accompagne
l'expansion de l'air ascendant, et il n'est pas douteux que ce refroidissement entre, comme cause
réelle, et comme cause agissant proportionnellement à son intensité, dans l'effet de condensation
des vapeurs tropicales. Mais je ne puis me défendre
de penser que la radiation de ces mêmes vapeurs
exerce aussi à son tour une influence considérable.
Imaginez-vous une colonne d'air saturé s'élevant
de l'Océan équatorial. Pendant un certain temps,
ces vapeurs, mêlées à l'atmosphère, restent entou-
rées d'air saturé. Elles rayonnent, mais leur radiation se fait de vapeur à vapeur ; et la vapeur est un
écran particulièrement opaque pour les radiations
issues de cette même vapeur. Donc, pendant un
certain temps, la radiation de la colonne ascendante
se trouvera empêchée ; ou, si l'on admet que cette
colonne rayonne, sa radiation lui sera rendue en
grande partie par la vapeur environnante ; or, dans
ces conditions, la condensation en eau ne pourrait
pas se produire. Mais la quantité de vapeur mêlée à
l'atmosphère diminue rapidement à mesure qu'elle
s'élève ; car il est prouvé par les observations de
Hoocher, Strachy et Welsh, que la pression de la
vapeur contenue dans l'air diminue beaucoup plus
rapidement que celle de l'air, quand la hauteur
augmente. Notre colonne d'air aura donc bientôt

dépassé l'écran d'air saturé qui la protégeait, et qui,
durant la première partie de son ascension, s'éten-
dait au-dessus d'elle. Elle est maintenant en présence de l'espace vide, auquel elle cède sa chaleur
sans obstacle ou sans compensation. Comment ne
pas attribuer en partie à cette perte de chaleur la
condensation de la vapeur et sa chute torrentielle
en eau qui inonde la terre? »

Tyndall rend, de la même manière, compte de la
formation des *cumulus* sous nos latitudes ; de l'action des montagnes qui sont des condenseurs de
la vapeur d'eau, parce que n'ayant pas leurs sommets préservés par un écran d'air saturé, elles
rayonnent dans l'espace leur propre chaleur, qui se
perd sans compensation. De plus, sur leurs flancs,
se produisent des courants d'air humide et le travail
d'ascension de ces masses s'accomplit aux dépens
de leur chaleur ; quand, après ce premier refroidissement, les masses aériennes arrivent à une hauteur où leur rayonnement a lieu en toute liberté,
elles se refroidissent encore.

La vapeur d'eau est donc, pour l'atmosphère, par
sa propriété absorbante un écran préservateur qui
empêche le sol de se refroidir avec rapidité. Sans
elle « la différence entre les maxima et les minima
mensuels de température deviendrait énorme. Les hi-
vers du Thibet sont presque insupportables pour la
même raison... La seule absence du soleil pendant la

nuit produit un refroidissement considérable partout où l'air est sec. La suppression, pendant une seule nuit d'été, de la vapeur d'eau contenue dans l'atmosphère qui couvre l'Angleterre serait accompagnée de la destruction de toutes les plantes que la gelée fait périr. Dans le Sahara, où *le sol est de feu et le vent de flamme*, le froid de la nuit est souvent très-pénible à supporter. On voit, dans cette contrée si chaude, de la glace se former pendant la nuit. En Australie aussi, l'excursion diurne du thermomètre est très-grande ; elle atteint ordinairement 40 à 50 degrés. On peut, en un mot, prédire à coup sûr que partout où l'air sera sec, l'échelle des températures sera très-considérable. Une grande transparence pour la lumière est parfaitement compatible avec une grande opacité pour la chaleur ; l'atmosphère peut être chargée de vapeur d'eau sous un ciel d'un bleu foncé, et s'il en est ainsi, la radiation terrestre serait interceptée malgré la transparence parfaite de l'air. »

On voit qu'ici Tyndall entend, par *air sec*, de l'air privé de vapeur d'eau, et il faut se rappeler que l'air très-chargé de vapeur est très-pur au point de vue de la transparence et nous semble sec, comme il l'est en effet au point de vue de la sensation produite au contact sur notre peau.

C'est le même physicien qui a fait sur la coloration bleue du ciel de belles recherches tendant à prouver que cette coloration est due à la vapeur d'eau atmosphérique.

Mais le but principal que nous avons en vue n'est pas d'étudier la vapeur dans les phénomènes auxquels elle donne naissance au sein de l'atmosphère; c'est là une question qui intéresse la météorologie. C'est la vapeur considérée comme source de mouvement, ce sont ses applications à l'industrie humaine qui font l'objet de ce volume. Revenons donc à ce sujet important.

## SECONDE PARTIE

# LA MACHINE A VAPEUR

---

## I

### LA VAPEUR, FORCE MOTRICE

Connaissance des anciens sur la force expansive de la vapeur ; éolipyle de Héron d'Alexandrie. — Appareil de Salomon de Caus, pour l'élévation de l'eau. — Principe et dispositions fondamentales de la machine à vapeur moderne.

Les anciens connaissaient la force élastique de la vapeur d'eau. Sans avoir de notions nettes, précises de ses propriétés physiques — on a vu que les inventeurs modernes n'étaient pas au début beaucoup plus avancés — ils avaient cherché à tirer parti de cette force.

C'est ainsi que Héron d'Alexandrie inventa la machine à laquelle on a donné le nom d'*éolipyle* et divers appareils où l'action de l'air comprimé ou di-

laté était en jeu. On va voir, en effet, que le mouvement de l'éolipyle avait bien pour cause la force
expansive de la vapeur, mais agissant d'une tout
autre façon que dans les modernes machines à vapeur.

C'était une marmite ou chaudière en partie

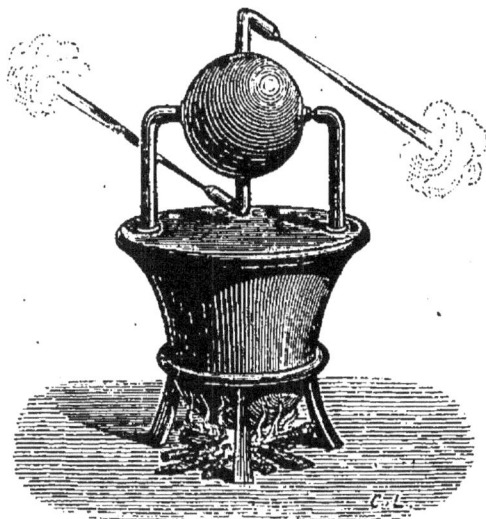

Fig. 18. — Eolipyle de Héron. (120 av. J.-C.)

pleine d'eau, placée sur un foyer et fermée par un
couvercle. Sur celui-ci, un tube creux et recourbé,
muni d'un robinet, allait soutenir, en la pénétrant,
une sphère creuse métallique, qu'un autre montant montant
tant égal soutenait extérieurement à l'extrémité du
même diamètre. La sphère était donc mobile autour de ce diamètre ou axe.

Deux autres tubes creux et recourbés, par-

taient de la surface de la sphère aux extrémités
d'un diamètre perpendiculaire à l'axe. Ceci posé,
on va comprendre l'action motrice de la vapeur
dans ce petit appareil. On ouvre le robinet ; la vapeur monte de la chaudière dans le tube creux et
emplit la sphère métallique. Si celle-ci n'était per-
cée d'aucune ouverture, elle resterait immobile,
mais la vapeur qui tend à presser la surface intérieure de la sphère avec la même force en tous ses
points, trouvant deux issues, s'échappe avec bruit
en se condensant dans l'air; la réaction, qui lui
aurait fait équilibre au cas de la fermeture complète, s'exerce donc en sens contraire, et la sphère
tourne avec plus ou moins de rapidité dans un
sens opposé à celui de la sortie de la vapeur.

L'*éolipyle* (nom qui signifie *porte d'Éole* ou *porte
de l'air*) est, comme on voit, une machine où la
force élastique de la vapeur agit par réaction. Ce
n'a jamais été d'ailleurs qu'un jeu de physique
amusante, bien qu'il ait fixé l'attention des savants
et des expérimentateurs des siècles qui ont précédé
Papin, et qu'on l'ait décrit en proposant de l'utiliser pour faire marcher des tournebroches.

L'appareil décrit par Salomon de Caus, dans son
opuscule : *les Raisons des forces mouvantes* (1605),
est un exemple d'une application plus directe de la
force expansive de la vapeur. De l'eau est introduite
par le robinet D dans la sphère creuse A, qu'on

place sur le feu, après avoir fermé le robinet d'introduction. Un tube BC passe par une autre ouverture B et descend dans l'eau sans toucher le fond,
Quand la vapeur s'est formée en assez grande
quantité et que sa tension est assez forte, on ouvre

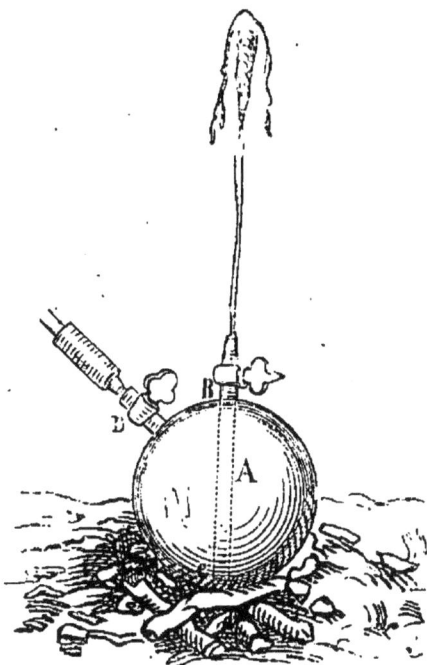

Fig. 19. — Appareil de Salomon de Caus.

le robinet B et l'eau, pressée à sa surface intérieure
par la force élastique de la vapeur, est projetée au
dehors par le tube.

Le récit complet et détaillé de toutes ces tentatives, de ces ébauches mécaniques où l'on cher-
chait à utiliser diverses forces naturelles, celles
de l'air dilaté ou comprimé, et celle de la vapeur,

a un intérêt qui n'est point douteux pour l'histoire des progrès des applications de la science humaine. Mais tout cela ne devient sérieusement instructif qu'à l'époque où la physique, sortant de la phase des explications subtiles et infécondes, est entrée dans la voie de l'expérience, sous l'impulsion des Galilée, des Boyle, des Huygens.

La machine à vapeur ne pouvait naître, et surtout ne pouvait recevoir les perfectionnements qui en firent un véritable moteur industriel, que dans le siècle qui avait vu découvrir les propriétés de l'air, la machine pneumatique, le baromètre et le thermomètre.

C'est en se pénétrant bien de la réalité de ces rapports intimes qui unissent toujours les conquêtes de la science et celles de l'industrie, qu'on se fera une idée juste de l'importance de la grande révolution qu'inaugura la découverte de la machine à vapeur de Papin. La meilleure preuve de la nécessité de ce concours de la théorie et de la pratique, c'est le temps qui s'écoula entre les essais et la publication des ouvrages de Papin, entre la première réalisation de son idée par Savery et Newcomen, et l'invention des machines à double effet par Watt, les premières machines à vapeur dont l'application à l'industrie fut véritablement universelle.

Maintenant encore, après tant de progrès dans

la science et de perfectionnements dans l'art de la
construction des machines, on ne peut espérer d'a-
mélioration ou de transformation sérieuse qu'en
prenant pour point de départ et pour guides les
lois qui régissent les phénomènes calorifiques et
auxquelles la machine à vapeur emprunte le principe de son mouvement.

Voyons donc, le plus sommairement et le plus
clairement possible, quel est ce principe, et du
même coup disons de quels organes essentiels la
machine à vapeur est composée.

D'abord et avant tout, il faut songer à développer
la force, c'est-à-dire à produire et à recueillir une
certaine quantité de vapeur d'eau. C'est à quoi on
parvient en faisant chauffer sur un foyer une
marmite ou chaudière remplie d'eau, du moins
en partie.

C'est le *générateur de vapeur*, l'une des trois parties essentielles ou constitutives de la machine.
Nous verrons bientôt les détails de sa structure, les
conditions de solidité et de résistance qu'elle doit
offrir, sa capacité, sa forme, etc., tous les éléments qui sont susceptibles de lui faire produire
en toute sécurité et avec économie la vapeur, cause
du mouvement.

De la chaudière la vapeur passe dans une capacité de forme cylindrique partagée en deux par un

piston mobile : c'est là que, par des dispositions
dont la description sera donnée incessamment, la
vapeur agit, tantôt d'un côté, tantôt de l'autre du
piston, de manière à lui imprimer un mouvement
alternatif, ou de va-et-vient, mouvement qui est
l'objet direct de la machine.

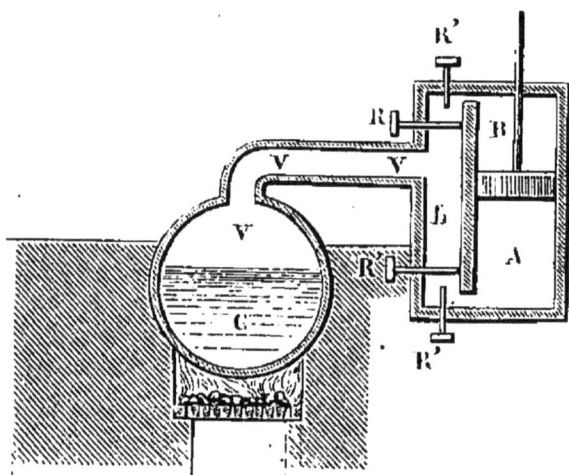

Fig. 20. — Organes essentiels de la machine à vapeur moderne.

Le cylindre, le piston et les pièces accessoires
qui distribuent la vapeur dans les deux chambres
du cylindre constituent la partie de la machine
formant le *mécanisme moteur* : c'est la machine
proprement dite, dont le jeu ne serait d'ailleurs pas
bien compris, si je n'entrais encore dans quelques détails.

Considérons la figure 20, qui représente la
machine à vapeur réduite à ses organes essentiels.

C est le générateur, où l'eau se transforme en vapeur en remplissant l'espace situé au-dessous de l'eau dans la chaudière, ainsi que le tuyau VV. Ce tuyau conduit le gaz élastique dans une capacité B contiguë au cylindre, et qu'on nomme la boîte à vapeur.

Deux robinets RR permettent à la vapeur, quand l'un ou l'autre est ouvert, d'arriver soit à la chambre supérieure B, soit à la chambre inférieure A du cylindre. Supposons d'abord le robinet supérieur ouvert et l'autre fermé. La vapeur passe en B, où elle presse le piston et tend à lui imprimer un mouvement descendant dans le cylindre. Qu'on ferme alors le robinet supérieur et qu'on ouvre l'autre, la vapeur passera en A, où elle agira sur le piston par sa face inférieure et tendra à le faire remonter.

Mais là se présente une difficulté : si la vapeur se trouvait à la fois en A et en B, comme sa force élastique est la même des deux côtés, son action sur la face inférieure du piston compenserait exactement son action sur la face supérieure, et le mouvement ne serait pas produit.

Il fallait donc trouver le moyen d'annuler sa force élastique dès qu'elle a pu exercer son action, et cela alternativement dans les deux chambres du cylindre. On y parvient en ouvrant successivement les robinets R' R'; chacun d'eux est adapté dans

une ouverture par où la vapeur est mise en communication avec un espace vide d'air, qui contient
de l'eau froide, et dont les parois sont elles-mêmes
à une basse température. Cet espace n'est pas
figuré dans notre dessin. Dès que le fluide pénètre
dans cet espace qu'on nomme le *condenseur*, elle
se précipite à l'état liquide presque tout entière,
et ce qui en reste n'a plus qu'une tension très-
faible, de beaucoup inférieure à la tension que
possède la vapeur soit dans la chaudière, soit
dans le cylindre. Cette disposition est nécessaire dans les machines où la vapeur n'agit
qu'avec une tension peu supérieure à la pression
atmosphérique. Quand la vapeur a une tension
égale à plusieurs atmosphères, le condenseur n'est
plus indispensable : la condensation se fait à l'air
libre.

Il est aisé alors de voir que, dans chacun de
ces cas, la difficulté signalée se trouve vaincue ;
car imaginons le robinet supérieur R ouvert et
l'inférieur fermé, tandis que le robinet supérieur R' est fermé et l'inférieur ouvert. La vapeur afflue en B, où elle exerce son action ; celle
que renfermait A se condense et le vide se fait
sous le piston qui descend jusqu'au bas du cylindre.

A ce moment, le jeu des robinets est renversé.
La vapeur de la chaudière pénètre en A ; celle de B

se condense et le piston est soulevé de bas en haut.
Ainsi, indéfiniment.

Voilà donc, dans son principe et ses dispositions
fondamentales, la machine à vapeur moderne. Un
mouvement rectiligne alternatif, déterminé par
l'action de la force élastique de la vapeur dans un
cylindre fermé de toutes parts, action qui cesse
brusquement dès que la même vapeur s'est condensée par le refroidissement. Le mouvement obtenu, il ne s'agit plus que de lui faire produire un
effet utile, en le transformant de mille manières
selon les besoins de l'industrie, selon l'espèce d'application qu'on en veut faire, en lui demandant par
exemple tantôt de la puissance, tantôt de la vitesse,
tantôt la vitesse et la puissance réunies. Le mécanisme qui opère cette transformation est le troisième élément que nous aurons à étudier pour
compléter la description de la machine à vapeur,
de sorte que l'on peut résumer ainsi tout l'objet de
la partie technique de ce livre :

Le générateur ou la chaudière.
Le récepteur ou mécanisme moteur et le mécanisme de
distribution ;
Le mécanisme de transmission.

Ces préliminaires suffisent pour comprendre la
différence que je signalais au début de ce chapitre
entre les éolipyles ou autres appareils dans lesquels

on utilisait d'une certaine manière la force élastique de la vapeur, et le véritable moteur qui a révolutionné l'industrie moderne : dans celui-ci seulement, on utilise directement la double propriété que possède la vapeur d'eau, la force avec laquelle elle presse les parois du vase qui la renferme, et la brusque condensation, l'annulation de cette force quand la vapeur se trouve subitement mise en communication avec un vase vide d'air et rempli d'eau froide.

A la vérité, les premières machines à vapeur, celles qu'avaient conçues d'abord Papin, celles que construisirent ses successeurs n'étaient point aussi complètes que la machine dont nous venons d'étudier le principe. La force élastique de la vapeur n'était utilisée que comme contre-poids de la pression de l'atmosphère sur le piston. C'est le vide déterminé par la condensation de la vapeur qui, dans la période descendante, rendait prépondérante la pression extérieure et permettait à celle-ci de donner de haut en bas le mouvement du piston. C'était là l'action directement utile qu'on se proposait d'obtenir pour faire mouvoir les pompes d'épuisement des mines. En un mot, la vapeur n'était employée que comme un moyen de produire le vide : elle agissait indirectement comme moteur. Le génie de Watt la transforma en moteur universel.

Mais nous reviendrons plus tard sur ces distinctions importantes.

Il est temps d'aborder en détail la machine à vapeur, telle que l'a faite un siècle d'incessants progrès dus aux sciences physiques et à l'art des constructions mécaniques.

# II

## LA CHAUDIÈRE OU LE GÉNÉRATEUR DE VAPEUR

Métamorphose des rayons solaires : la force vive, emmagasinée dans les végétaux de l'époque houillère, se dégage aujourd'hui d'un bloc de charbon
en combustion ; elle est l'âme de la machine à vapeur. — Description
d'une chaudière à bouilleurs. — Chaudière et bouilleurs. — Le foyer, les
carneaux, la cheminée. — Épaisseur des parois du corps cylindrique.

Une marmite en fonte, bien close, remplie d'eau
aux trois quarts et bouillant au-dessus d'un feu ardent, voilà en deux lignes la définition de l'appareil
producteur de vapeur, qu'on nomme tout simplement la *chaudière*.

Si la chaudière n'est point la partie la plus originale, la plus curieuse d'une machine à vapeur,
du moins est-ce la plus importante, celle qui peut-
être exige le plus de science dans les devis et la
construction, le plus de soins et de surveillance dans
le fonctionnement et dans l'entretien. N'est-ce pas
dans son sein d'ailleurs que s'élabore la force motrice, la puissance élastique de la vapeur, dont la

source première est cachée dans cette masse noirâ-
tre qu'on appelle un morceau de charbon ?

Cette houille, en effet, que craignent de toucher
des mains délicates, c'est la substance, lentement
distillée au fond des couches souterraines de l'écorce
du globe, des végétations qui en couvraient la surface il y a quelque dix mille années. Cette substance
fut jadis arbre splendide, au tronc brillant, au feuil-
lage magnifique tissé par la lumière, car la science
aujourd'hui nous apprend que c'est sous l'influence
vivifiante, féconde, des rayons du soleil que les plantes décomposent l'acide carbonique de l'air, laissent
s'échapper l'oxygène et fixent le carbone dont leur
tissu est en partie formé. Ainsi se sont emmagasi-
nés des trésors de force dans les entrailles du globe ;
revenues au jour, le travail de l'homme transforme
de nouveau ces forces cachées, en tire la chaleur et la
lumière, et, faisant subir à ce mode de mouvement
une dernière transformation, il en communique les
vibrations à l'eau. Celle-ci, devenue vapeur, va précipiter à son tour ses atomes contre les parois mobiles de l'enceinte où elle est emprisonnée ; à partir
de cet instant, le mouvement et le travail auront
succédé à la lumière ou à la chaleur jadis empruntées
elles-mêmes à la source commune, au soleil.

Rien de plus simple à définir que la chaudière,
ou le générateur de vapeur : nous l'avons vu. Mais

autre chose est de la définir, autre chose est de la décrire, c'est-à-dire d'en dessiner à l'esprit les dispositions d'ensemble et les détails, sous les formes compliquées et variées que la chaudière a prises depuis l'origine et qu'elle conserve encore dans les divers types de machines à vapeur en usage aujourd'hui.

Ces formes sont si nombreuses que je ne chercherai pas même à les énumérer toutes : il sera bien suffisant, pour le but que je me propose, de faire comprendre en quoi se ressemblent et en quoi diffèrent les systèmes principaux. Mais avant d'en arriver là, faut-il encore connaître d'une façon précise un exemplaire de l'un d'entre eux. Je prendrai la chaudière la plus généralement adoptée dans les usines où l'on emploie des machines fixes, c'est-à-dire des machines construites, installées à demeure, là même où elles fonctionnent.

Entrons, si vous voulez bien, dans une grande usine, et de préférence dans celle d'un constructeur de machines. Là, nous verrons fonctionner la machine elle-même ; nous examinerons la chaudière en activité. Puis, pour la disséquer, pour étudier tous les organes de l'appareil, nous les verrons isolément au moment où ils sortent de l'atelier de fabrication.

Nous voici devant le grand bâti en maçonnerie sous lequel est renfermé le corps principal de la chaudière. A l'extérieur, vous voyez deux plaques circulaires qui dépassent le niveau du mur et indiquent la place des *bouilleurs*. Immédiatement au-

Fig. 21. — Chaudière à deux bouilleurs d'une machine à vapeur.—
Vue extérieure.

dessous se trouve la porte du foyer, par où s'introduit le combustible, puis plus bas l'ouverture du cendrier, par laquelle on enlève les scories, escarbilles, etc... que laisse échapper la grille.

Pour procéder avec plus de clarté dans notre examen, distinguons tout de suite dans notre chaudière deux parties bien distinctes : le fourneau et la cheminée d'une part, c'est-à-dire le foyer, la grille,

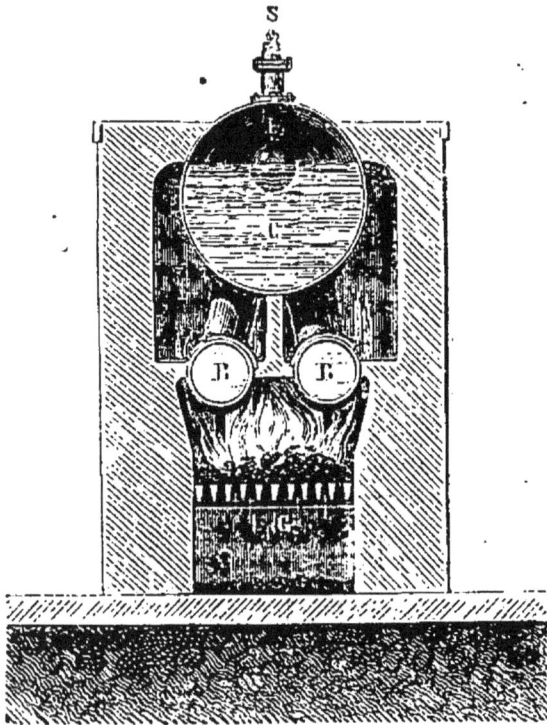

Fig. 22. — Chaudière à deux bouilleurs, coupe transversale.

le cendrier, les conduits dès gaz de la combustion ; et, d'autre part, la chaudière proprement dite, ou le vase dans lequel l'ébullition réduit l'eau en vapeur, avec tous ses organes et appareils accessoires, indicateurs, soupapes de sûreté, manomètres, etc.

Mais avant de décrire en détail chacune de cès

deux parties de l'appareil producteur de vapeur, faisons voir comment ils sont agencés l'un par rapport à l'autre.

A la partie supérieure du bâti de maçonnerie repose un grand vase en tôle, de forme cylindrique dans toute sa longueur, terminé aux deux bouts par deux fonds hémisphériques. C'est le corps de la chaudière la plus volumineuse, celle qui contient la plus grande masse de l'eau à vaporiser. Les figures 22 et 23 la montrent en CCC, en coupe longitudinale et en coupe transversale.

Au-dessous du corps principal, on voit deux, quelquefois trois longs tubes également cylindriques, BB, qui communiquent avec lui par des tubulures nommées *évents* ou *culottes*.

Ces *bouilleurs*, entièrement remplis d'eau, sont directement placés au-dessus du foyer, dont les flammes lèchent d'abord leur surface extérieure, et c'est évidemment dans leur sein que l'ébullition a lieu tout d'abord ou que se forment les premières bulles de vapeur. Leur nom de bouilleurs est donc bien justifié.

Les deux figures ci-jointes indiquent avec assez de clarté les positions et les dimensions du foyer, de la grille, du cendrier, pour que je n'aie pas besoin d'en parler autrement.

Quant à la cheminée, on la voit à sa base et l'on peut suivre la fumée et les gaz de la combustion,

Fig. 23. — Chaudière à deux bouilleurs, coupe longitudinale.

A, flotteur et sifflet d'alarme, B, bouilleur; C, corps de la chaudière; E, tuyau d'alimentation; F, flotteur indicateur de niveau, à cadran; H, trou d'homme pour le nettoyage; S S, soupapes de sûreté; R, registre de tirage, U, cheminée  V tuyau de prise de vapeur; c c, carneaux; I, indicateur de niveau; F, foyer; P, porte du foyer

depuis leur origine, au-dessus du foyer, jusqu'à cette base, à travers les conduits ou *carneaux cc*, qui se trouvent ménagés entre les bouilleurs, le corps principal de la chaudière et la maçonnerie qui les enveloppe.

Il faut remarqner la disposition de ces carneaux : celui qui est au-dessous des bouilleurs force la flamme et les gaz chauds à marcher jusqu'au fond du fourneau et à échauffer directement d'abord les bouilleurs eux-mêmes. Arrivés là, les gaz montent à l'un des deux carneaux latéraux supérieurs ; ils cèdent encore de la chaleur qu'ils ont conservée à la paroi de la chaudière avec laquelle ils sont en contact. Enfin, un troisième trajet les fait passer dans l'autre carneau latéral pour s'échapper dans la cheminée.

Le but qu'on se propose d'atteindre de la sorte est aisé à comprendre. Il s'agit d'utiliser, autant que possible, la chaleur qui émane du foyer, soit par le contact et l'action directe de la flamme, soit par celle des gaz de la combustion lesquels, n'étant plus incandescents, n'en conservent pas moins une énorme quantité de chaleur. Or cette chaleur serait dépensée en pure perte, si, en sortant du foyer, les gaz avaient la liberté de gagner immédiatement l'atmosphère.

C'est une préoccupation du même genre qui a fait imaginer les bouilleurs. Les anciennes et primitives

chaudières étaient hémisphériques à leur partie
inférieure; elles ne présentaient qu'une faible surface
à l'action du foyer, eu égard à la masse de l'eau
qu'il fallait vaporiser : elles n'avaient qu'une faible
surface de chauffe. Augmenter la surface de chauffe
des chaudières a été l'un des premiers progrès
auquel les constructeurs de machines (Watt le premier) ont dû songer. C'était tout simplement éco-
nomiser le combustible, problème dont la solution,
après bien des recherches heureuses, bien des progrès réalisés, est encore le *desideratum* des industries qui emploient la vapeur.

J'insiste sur cette question capitale.

On peut la formuler en ces termes : produire la
plus grande quantité de vapeur, à une pression ou
tension déterminée, en usant la moindre quantité
possible de combustible. Tous les organes d'une
machine concourent à ce but, à peu d'exceptions
près ; on conçoit que la chaudière, qui est le
générateur de la vapeur, ait par sa forme, ses
dimensions relatives, les dispositions de son fourneau, de sa cheminée, etc., une influence prépondérante.

Il semble, d'après ce que nous venons de dire,
que si les gaz de la combustion pouvaient, en arrivant
à la base de la cheminée, être refroidis à une température égale à celle de l'air extérieur, par exemple, il
y aurait tout bénéfice, puisque la chaleur du foyer

ou du combustible serait à peu de chose près entièrement utilisée. Mais cela n'est pas possible malheureusement; ou plutôt, si l'on obtenait ce résultat, le tirage ou le renouvellement de l'air nécessaire à l'entretien de la combustion cesserait; du moins, serait-il considérablement ralenti. La houille brûlant mal, la chaleur du foyer n'étant plus suffisamment intense, les gaz d'hydrogène *proto* et *bi-carbonés*, qui se dégagent en grande abondance du combustible, ne pourraient eux-mêmes brûler complétement. Ce sont eux qui forment la fumée épaisse et noire qu'on voit sortir si intense, toutes les fois qu'une quantité un peu considérable de combustible frais est introduite dans le foyer qu'elle refroidit.

Les gaz chauds, en s'échappant dans la cheminée, servent donc à activer le tirage; c'est une dépense, nécessaire dans une certaine limite, bien qu'elle n'ait pas pour résultat direct l'échauffement de l'eau, sa transformation en vapeur. C'est ainsi que, souvent dans la pratique industrielle, une innovation qui semble un progrès, quand on l'envisage sous une face, est un recul, considérée sous un autre point de vue.

C'est le moment de dire un mot de la cheminée, qui joue un si grand rôle dans le tirage. Plus la cheminée d'une chaudière est haute, la section restant la même ainsi que les autres conditions de la com-

bustion, plus le tirage est actif : pas dans la pro-
portion ordinaire toutefois, il s'en faut; ainsi, voudrait-on obtenir un tirage d'intensité *double*, il faudrait *quadrupler* la hauteur de la cheminée ; *triple*, il faudrait la multiplier par 9. En un mot, la hauteur croît comme les carrés [1] de l'intensité du tirage.

Si le tirage dépend de la hauteur de la cheminée, il dépend aussi du volume d'air dont celle-ci permet le passage, c'est-à-dire de la surface de sa sec-

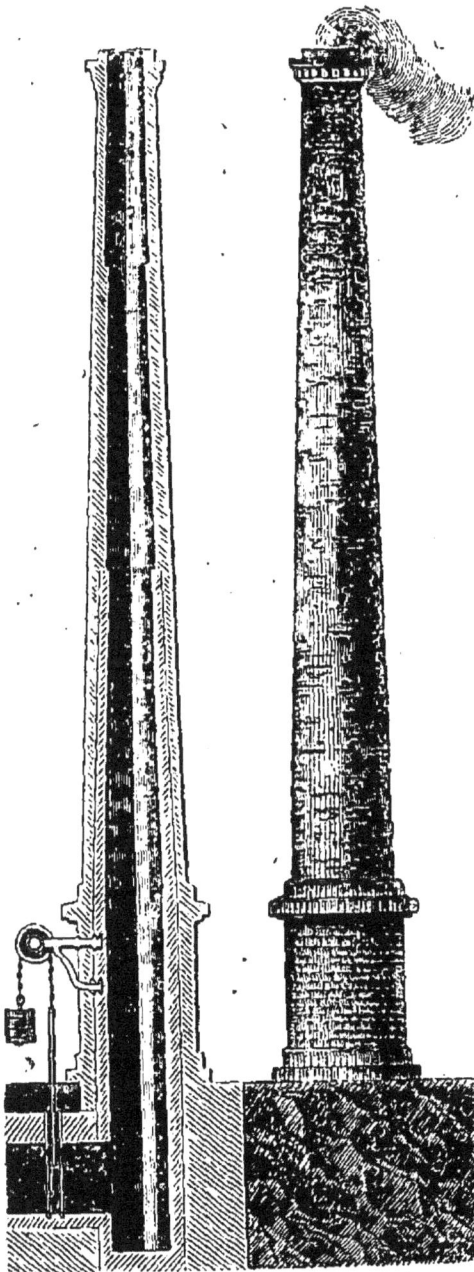

Fig. 24. — Cheminée de machine à vapeur ; vue extérieure et coupe.

[1] Les nombres 4, 9, 16, 25, — sont dits les carrés des nombres 2, 3, 4, 5.

tion. D'après une règle donnée par Darcet, si la hauteur de la cheminée est 20 mètres, ou 30 mètres, la section devra avoir autant de fois 1 décimètre carré de surface qu'on doit brûler de fois par heure 4, 5, ou 6 k., de houille. De sorte que la section d'une cheminée de 20 mètres de hauteur devra être égale à $\frac{180}{4,5}$ ou à 40 décimètres carrés, si le foyer doit consumer en une heure 180 kilogrammes de houille. Son diamètre intérieur, si elle est ronde, devra être égal à $0^m,71$ ; si elle est carrée, le côté aura $0^m,63$.

Dans certaines circonstances, il faut modérer le tirage. On y parvient de la façon la plus simple, au moyen d'un *registre* ou valve mobile, qu'on voit dans les figures 23 et 24, et à l'aide duquel on diminue à volonté l'ouverture que la cheminée offre à la fumée et aux gaz de combustion.

Il n'y a pas jusqu'à la grille, à la forme et aux dimensions de ses barreaux, des interstices qu'ils laissent entre eux, qui ne soient des éléments de grande importance pour le bon fonctionnement d'un fourneau, pour l'activité du feu, et par suite pour la vaporisation de l'eau, dans son rapport avec la dépense de combustible. Tout cela doit être calculé, disposé, agencé, à la fois d'après les données de la science et de l'expérience.

Je ne veux point ici, on le comprend, donner
des formules, mais essayer seulement de faire
saisir l'importance de ces petits détails dont aucun ne peut être négligé. Ainsi, la largeur et la
longueur de la grille ne peuvent dépasser, la première, la largeur même de la chaudière, la seconde, une limite (au maximum 2 mètres) au delà
de laquelle le travail du chauffeur deviendrait impossible.

Pour en finir avec le fourneau de la machine à
vapeur, je dirai un mot, très-court, sur une question qui a fait un certain bruit dans l'industrie. Je
veux parler de la possibilité d'obtenir ce qu'on appelle un foyer *fumivore*. C'est une mauvaise expression que ce mot de fumivore, car jamais un foyer
qui produit de la fumée ne s'en débarrasse, ne la
détruit qu'en l'expulsant par la cheminée ou par la
porte du foyer, ce qui, dans ce dernier cas, provient d'un tirage défectueux. La vraie question
est celle-ci : installer un foyer dans lequel il ne
se produise pas de fumée, ou, pour parler plus
juste, dans lequel les gaz se dégageant du combustible soient brûlés le plus complétement possible. Quand le tirage ne fournit pas une quantité d'air assez abondante, les carbures d'hydrogène incomplétement brûlés s'échappent sous l'aspect d'une fumée noire et épaisse, très-désagréable,
très-malpropre, mais dont les propriétaires de

l'usine tiennent à se passer pour une raison plus positive, à savoir, parce que c'est le meilleur de la houille qui se perd ainsi sans avoir produit de chaleur.

Mais cet inconvénient grave du défaut de combustion peut se produire encore, alors même qu'il n'y a pas de fumée. La houille, outre les carbures hydrogénés dont nous venons de parler et qui se décomposent les premiers, aussitôt que la combustion s'opère, renferme du carbone que l'oxygène transforme en oxyde de carbone, puis en acide carbonique, si le tirage fournit une quantité d'air suffisante. Si le tirage est mauvais, l'oxyde de carbone s'échappe sans avoir été brûlé complétement, et il peut y avoir perte considérable de chaleur, malgré l'absence de fumée.

Que résulte-t-il là? C'est qu'un foyer dit *fumivore* n'est pas nécessairement économique. Il est fort possible, en activant le tirage par des dispositions convenables de la grille, qu'on évite la production de la fumée; mais comme en même temps, le courant ascendant plus énergique entraîne une plus grande quantité de gaz à une température encore élevée, la perte peut dépasser le gain.

Laissons donc les appareils imaginés dans le but d'obtenir des foyers fumivores. Le nombre de ces

inventions, souvent ingénieuses, a été fort grand :
aucun d'eux n'est adopté dans la pratique. cou-
rante.

Revenons à notre chaudière.

J'ai montré quelle est la forme d'ensemble du
corps principal et des bouilleurs. Ceux-ci sont remplis entièrement par l'eau qui s'élève dans le corps
de la chaudière jusqu'à une certaine hauteur. L'espace libre qui surmonte le niveau de l'eau est
celui que remplit la vapeur, avant d'aller exercer
son action sur les organes de la machine : on le
nomme pour cette raison *réservoir* ou *chambre de
vapeur*.

La chambre de vapeur doit avoir, avec la capacité de la chaudière, un rapport de grandeur qu'on
fait ordinairement égal à un tiers dans la pratique.
En d'autres termes, si le volume de l'eau est 8 ou 9,
celui de la chambre est à peu près égal à 3, l'unité
représentant, dans ce cas, la quantité d'eau con-
sommée par heure, c'est-à-dire vaporisée. La raison du grand espace donné au réservoir vient de la
nécessité de sécher le plus possible la vapeur formée ; celle-ci entraîne presque toujours avec elle
des gouttelettes liquides dont il faut éviter l'introduction dans le cylindre : nous verrons bientôt
pourquoi.

Quant à la proportion qu'on donne à la capacité
totale de la chaudière, relativement à la quantité

de vapeur qu'elle doit fournir en une heure, pendant le fonctionnement normal, elle est basée sur l'intérêt qu'il y a à ne point faire varier trop vite la température ; c'est ce qui arriverait, si l'alimentation périodique de la chaudière (laquelle se fait le plus souvent avec de l'eau froide) introduisait à la fois une trop grande quantité de liquide.

Là force prodigieuse que récèle la vapeur d'eau portée à une haute température et dont les effets s'exercent tout d'abord sur les parois intérieures de la chaudière, exige de la part de celles-ci une puissance de résistance qu'on n'obtient point sans certaines conditions de forme, d'épaisseur, de qualité des matériaux employés.

La meilleure forme, au point de vue de la résistance, est la forme cylindrique, qu'on termine aux deux bases par des fonds de forme sphérique. La matière adoptée généralement est la tôle de fer de première qualité, boulonnée avec le plus grand soin et la plus grande solidité. Il paraît qu'on commence à substituer l'acier au fer ; mais dans certaines parties de la chaudière seulement : c'est avant tout une question de prix de revient.

Il y a quelques années, des ordonnances officielles réglaient les épaisseurs des tôles d'après les pressions moyennes évaluées en atmosphères que chaque chaudière était appelée à supporter. Aujourd'hui, les prescriptions de ce genre sont abandonnées et remplacées par une épreuve officielle à laquelle chaque constructeur est tenu de soumettre ses appareils; néanmoins, il est bon de connaître la règle en question, que les mécaniciens utilisent toujours, par mesure de prudence. La voici :

L'épaisseur était évaluée à $0^m,003$, auxquels on ajoutait le produit de $1^{mm},8$ par le nombre d'atmosphères et par le diamètre de la chaudière, mesuré en mètres et fractions de mètre. Appliquons cette règle à une chaudière de $1^m,20$ de diamètre, destinée à supporter une pression de 4 atmosphères et demie. L'épaisseur de la tôle sera :

$$3^{mm} + 1^{mm}.8 \times 1,20 \times 4,5,$$ c'est-à-dire $3^{mm} + 9^{mm},72$ ou en tout 12 millimètres 7 dixièmes.

Quand toutes ces conditions de fabrication sont remplies, peut-on du moins assurer qu'un générateur peut donner toute sécurité à l'usine où il est en fonction, et qu'une de ces explosions dont trop souvent on lit dans les journaux les effets lamentables n'est point à craindre? La réponse à cette question est dans les récits mêmes auxquels je fais ici allusion. Presque toutes les chaudières sont construites dans les conditions qu'on vient d'énumérer; toutes subissent l'épreuve officielle; et, cependant, il en est qui ne peuvent résister à la terrible

force expansive de la vapeur. Je reviendrai spécialement sur les causes de ces accidents.

Pour le moment, il s'agit d'achever la description
tion et la revue des organes de notre chaudière.

### LES APPAREILS DE SURETÉ

Indicateurs du niveau d'eau ; tube de cristal; flotteurs d'alarme et flotteurs magnétiques; indicateur à cadran. — Les soupapes de sûreté.

Nous avons supposé la chaudière convenablement
remplie d'eau qui, chauffée à la température nécessaire, fournit dans le réservoir une certaine
quantité de vapeur possédant une pression qui varie selon les machines.

Cette vapeur va gagner, par un conduit, les organes du mouvement de la machine, ceux que nous
étudierons incessamment. Là, elle travaille et se
perd (nous dirons comment) ; de sorte que la chaudière doit incessamment fournir de la vapeur nouvelle. Pour cela, il faut remplir deux conditions :
l'alimenter et la chauffer. On voit que les machines sont comme les bêtes ou les gens, qui ne travaillent qu'autant qu'on les nourrit.

Il faut renouveler le combustible, c'est l'affaire
du chauffeur. Il faut renouveler l'eau, entretenir

son niveau, c'est l'affaire d'une pompe qui emprunte son mouvement au mouvement même de la
machine, et que nous aurons l'occasion de revoir
en examinant le mécanisme de distribution. Il y a
d'autres pompes ayant d'autres usages : celle-ci
est la pompe d'alimentation.

Mais comment s'assurer qu'elle fonctionne bien?
Il est d'une importance capitale que le niveau de
l'eau ne s'abaisse point trop dans la chaudière, ni
qu'il s'y élève au delà d'une certaine limite : dans
les deux cas on risque une des plus fréquentes causes d'explosion des machines. De là les appareils
connus sous le nom générique d'*indicateurs du niveau* et qui méritent bien celui d'*appareils de sûreté*. On en emploie de plusieurs sortes et même simultanément.

Ainsi, vous voyez toujours adapté aux parois extérieures de la chaudière et bien en vue, un tube
en verre de cristal qui communique par ses deux
bouts avec l'intérieur de la chaudière. L'eau pénètre dans ce tube et y atteint, en vertu de la loi
d'équilibre des liquides dans les vases communi-
quants, le même niveau que dans le générateur. Le
verre du tube a besoin d'être bien propre et transparent ; voilà pourquoi vous y voyez un double système de robinets qui permettent d'interrompre la
communication avec la chaudière et, pendant ce
temps, de nettoyer le tube. Le chauffeur doit avoir

fréquemment l'œil sur cet appareil, aussi précieux
que simple.

Une surproduction momentanée de vapeur, un
mauvais fonctionnement de la pompe d'alimentation provenant d'un accident subit, pourrait abais-

Fig. 25. — Indicateur du niveau d'eau, à tube de cristal.

ser brusquement le niveau et surprendre notre
homme, pendant qu'il est occupé ailleurs. L'indicateur à tubes de cristal ne suffit donc point. On y
ajoute l'un ou l'autre des divers systèmes de flotteurs qui manifestent l'état insuffisant du niveau
par des signaux bruyan's. Tels sont, par exem-

ple, les flotteurs d'alarme, le flotteur magnétique.

Un flotteur E, c'est ordinairement une boule métallique creuse), monte et descend avec le niveau de l'eau de la chaudière. Il est soutenu par une tige qui forme un bras d'un levier tournant

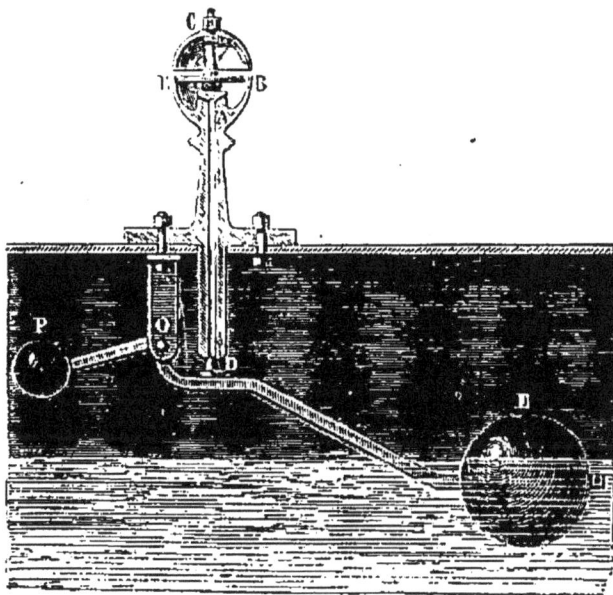

Fig. 26. — Flotteur d'alarme.

autour du point O ; l'autre bras supporte un contre-poids P. Dans les limites normales du niveau de l'eau, la tige maintient une soupape D contre l'ouverture d'un tuyau communiquant avec l'air extérieur. Si le niveau de l'eau s'abaisse au-dessous de ces limites, le flotteur s'abaisse avec lui, détermine l'ouverture de la soupape. La vapeur s'échappe par le canal et sort par un orifice annulaire BB ; là elle rencontre les bords aigus d'un timbre qu'elle fait vibrer de manière à produire un son très-intense et prolongé.

Le chauffeur est averti du danger par ce son inaccoutumé : de là le nom de *flotteur d'alarme* donné à cet appareil.

La figure 27 représente un flotteur autrement

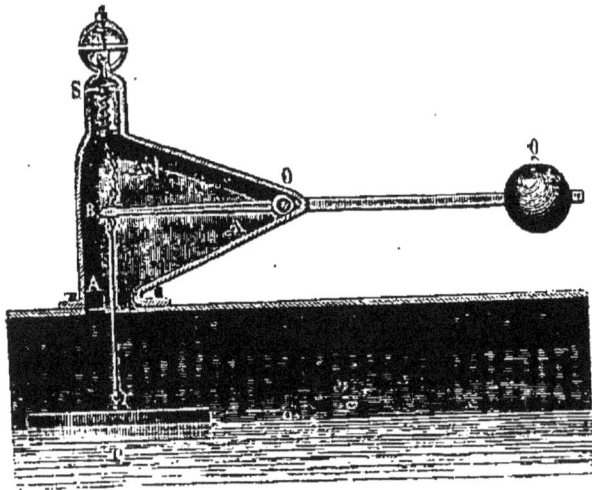

Fig. 27. — Flotteur d'alarme de Bourdon.

disposé. La vapeur entre librement dans une boîte métallique triangulaire A, qui est séparée du sifflet d'alarme par une soupape S, que maintient un ressort. Le niveau de l'eau baisse-t-il au delà de la limite, le flotteur P, en descendant, tire la chaîne, ouvre la soupape et laisse la vapeur s'échapper bruyamment au dehors.

Le *flotteur indicateur à cadran* est formé d'un disque P en pierre, dont une chaîne de suspension,

s'enroulant sur la gorge d'une poulie à cadran extérieur, soutient un contre-poids Q. Le mouvement
de la poulie déterminé par les variations du niveau
se communique à une aiguille qui indique ainsi la
la hauteur de l'eau dans la chaudière.

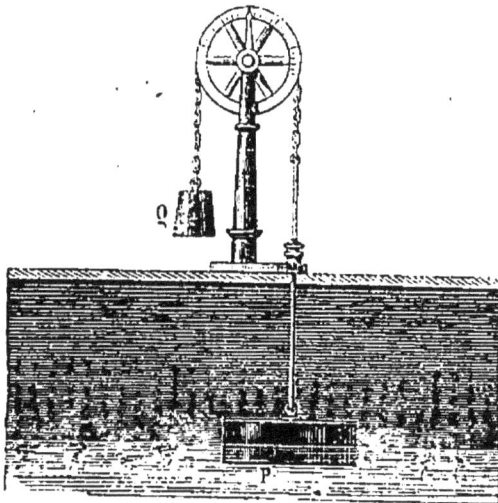

Fig. 28. — Flotteur indicateur à cadran.

Dans l'*indicateur magnétique* de M. Lethuilier-Pinel, qu'on emploie beaucoup aujourd'hui, le mouvement du flotteur se manifeste par une tige qui
fait monter ou baisser avec lui un aimant en fer à
cheval ; au-devant des pôles de cet aimant, une aiguille aimantée, mobile sous l'influence de leur at-
traction, parcourt les degrés d'une division qui
marque le niveau de l'eau de la chaudière. Quand
ce niveau baisse d'une façon anormale et dangereuse, l'aimant entraîne avec lui le bras d'un levier

qui fait ouvrir une soupape, auparavant maintenue par un ressort. La vapeur qui, de la chaudière, entre librement dans le tube renfermant tout

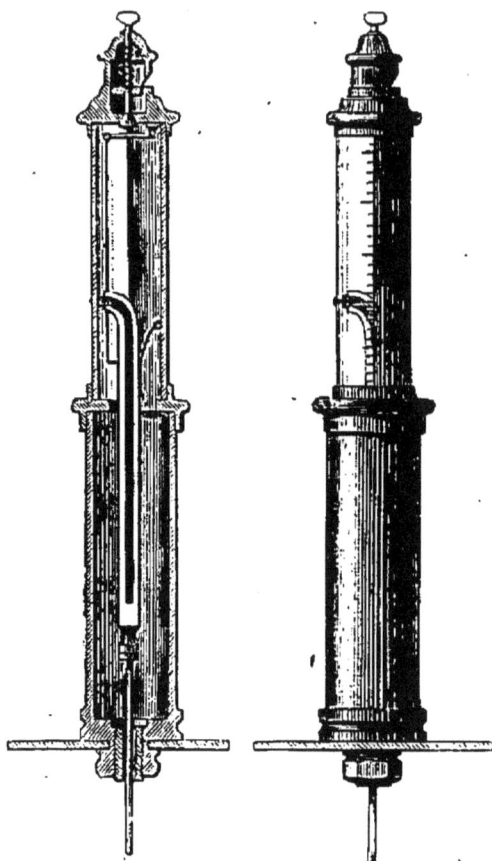

Fig. 29. — Flotteur magnétique de Lethuilier-Pinel.

le mécanisme, s'échappe en sifflant au dehors, et
avertit le chauffeur du danger.

Les appareils de sûreté d'une machine à vapeur
ne comprennent point seulement les indicateurs de
niveau, flotteurs ou autres. C'est que les causes
d'explosion ne proviennent pas exclusivement de

l'insuffisance de l'eau du générateur : dans des
circonstances que je préciserai plus loin, la vapeur
peut acquérir une force élastique dépassant tout à
coup, et de beaucoup, les limites de pression pour
lesquelles la chaudière a été construite. Pour pré-
voir ce cas, on adapte des soupapes de sûreté du
genre de celle qu'on a vue dans la marmite de Papin, et dont la figure 30 représente sur une plus

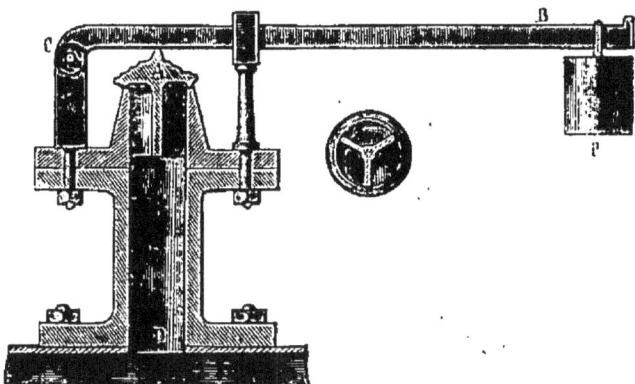

Fig. 30. — Soupape de sûreté de Papin.

grande échelle, la disposition ordinaire. Le jeu en
est si simple qu'il est inutile de le décrire au long.

Ces soupapes sont en bronze et leurs dimensions
sont calculées pour que l'une des deux, que les rè-
glements officiels rendent obligatoires, donne à la
vapeur, en cas d'excès de pression, une issue suffisante pour ramener la pression à la limite normale. Dans ce calcul, on tient compte naturellement
de la surface totale de chauffe de la chaudière,

puisque cette surface est à peu près proportionnelle à la production de vapeur; puis de la tension
maximum de la vapeur, la soupape devant avoir
une ouverture d'autant moins large que cette tension est plus élevée, puisque alors la vitesse plus
grande de la vapeur rend l'écoulement de l'excès
de vapeur plus rapide.

### LES MANOMÈTRES

Manomètre à air libre, à branches multiples; à air comprimé. — Manomètres métalliques. — Qualités d'un bon mécanicien et d'un chauffeur
de machine : économie et sécurité qui en sont la conséquence.

Il nous reste à dire comment on peut s'assurer à
chaque instant, pendant le fonctionnement d'une
machine, des variations de la tension de sa vapeur.
Les instruments qui fournissent cette indication en
atmosphères et fractions d'atmosphères sont connus sous le nom de *manomètres*.

Mais les manomètres employés ne sont pas tous
basés sur le même principe. Les uns, comme le
*manomètre à air libre*, sont tout simplement des ba-
romètres à siphon dont la grande branche est ouverte; seulement ce n'est pas la pression de l'air
atmosphérique qui soulève la colonne de mercure,
c'est celle de la vapeur, la petite branche étant
mise en communication directe avec la chambre de

vapeur de la chaudière. C'est la différence des hauteurs du mercure dans les deux
branches, augmentée de la pression
barométrique, qui exprime la pression de la vapeur.

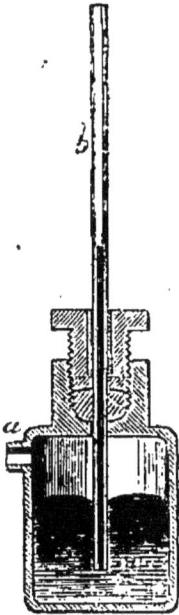

Dans les machines qui fonctionnent
à des pressions élevées, le manomètre à air libre est incommode à cause
de sa grande longueur. Le manomètre
à branches multiples (fig. 52) résout
cette difficulté, parce que la hauteur
de la colonne qui marque la pression
de la vapeur, déduction faite d'une
atmosphère, se trouve à peu de chose
près divisé par le nombre des tubes
qui en forment les courbures successives [1].

Fig. 51.
Manomètre à air
libre.

Les *manomètres à air comprimé* (fig. 33) ne sont
autre chose que des tubes de Mariotte. Par l'une des
branches, la vapeur exerce librement la pression
qui, dans l'autre branche, est équilibrée par l'air
comprimé, plus par la différence de niveau du mercure. L'instrument est réglé de sorte que le mercure est à une même hauteur *m n* dans les deux
branches, si la pression de la vapeur vaut une at-

---

[1] Nous renverrons, pour la démonstration de cette propriété
d'ailleurs fort simple aux Traités de physique, ou encore au Dictionnaire des *Mathématiques appliquées* de M. Sonnet.

mosphère. Quand cette pression devient graduel-
lement plus forte, le niveau s'élève en A mais à des
hauteurs décroissantes pour d'égales augmentations
de pression, selon la loi de Mariotte. L'instrument

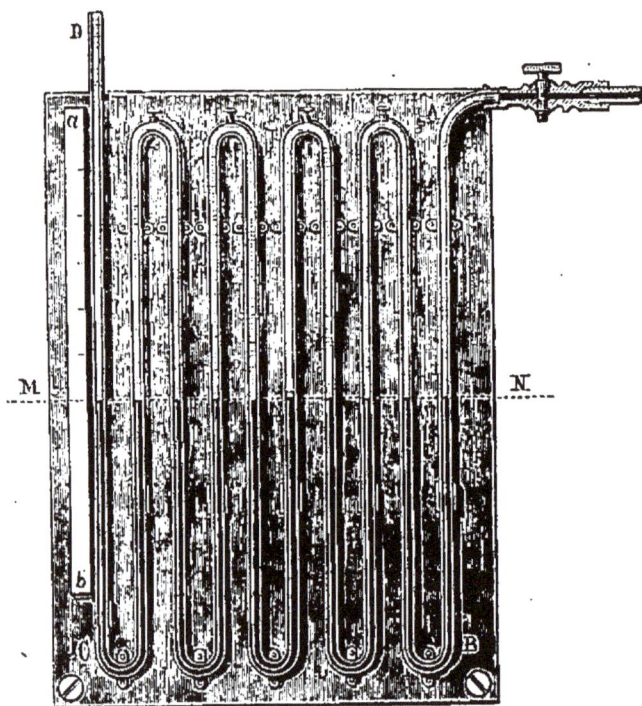

Fig. 32. — Manomètre à air libre, à branches multiples.

est donc de moins en moins sensible aux pressions
les plus élevées. On remédie à cet inconvénient en
donnant au manomètre la disposition que montre
la figure 33. La forme conique de la branche qui
renferme l'air donne aux divisions correspondant
aux atmosphères successives des longueurs à peu
de chose près égales, de sorte que la lecture des

pressions élevées se fait plus aisément que dans
le premier système.

La commodité et le bon marché des manomètres
métalliques les font adopter dans un grand nombre
de machines. Mais ils n'offrent pas la même garantie d'exactitude que les autres, parce que les pièces

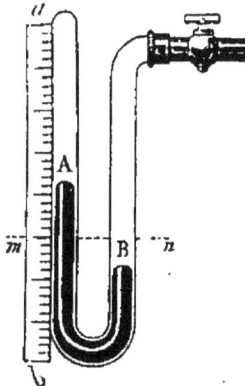

Fig. 33. — Manomètre à air
comprimé.

Fig. 34. — Manomètre à air comprimé à tube conique.

qui subissent la pression de la vapeur peuvent s'al-
térer par l'usage. Comme ce sont ces pièces qui
indiquent, par le plus ou moins de courbure que
leur imprime la force élastique de la vapeur, la valeur de celle-ci, il faut de temps à autre les soumettre à des vérifications, à des contrôles avec les manomètres plus exacts. L'inconvénient de ceux-ci
vient surtout de la matière qui les compose, du

verre qui s'encrasse et perd sa transparence, et au travers duquel il faut observer le mercure, de leur fragilité ; il arrive aussi que le mercure du manomètre à air comprimé s'oxyde, ce qui diminue le volume de l'air : alors l'instrument marque des pressions plus fortes que la pression réelle.

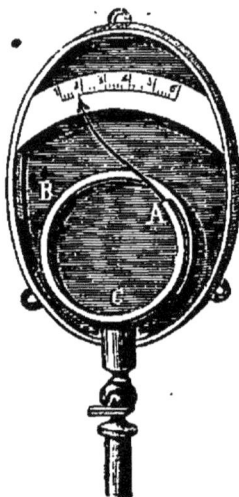

Fig. 35. — Manomètre métallique.

Tel est, dans ses parties essentielles, l'appareil générateur de vapeur connu dans la pratique sous le nom commun de chaudière. La chaudière, je l'ai déjà dit, varie beaucoup de dimensions et de formes, selon les types de machines auxquelles elle fournit la force ou le moteur. Plus loin, nous verrons quelques-unes des dispositions les plus usitées et les plus originales des chaudières dans les machines fixes, dans les machines marines et dans les machines mobiles, locomotives ou locomobiles. Mais dans toutes, nous retrouverons les mêmes parties principales, et les mêmes organes accessoires.

A l'origine, ces appareils étaient grossièrement construits; au point de vue de la sécurité comme au point de vue de l'économie, ils étaient loin d'atteindre la perfection que les progrès des sciences et ceux de la mécanique pratique ont rendue possible. Toutefois, quelques garanties qu'offre une chaudière quand elle sort neuve des ateliers du constructeur et qu'elle a subi les épreuves officielles, elle exige, pour son bon fonctionnement des soins constants, une surveillance qui ne se ralentisse pas, de sorte qu'aussitôt un vice constaté, une détérioration aperçue, elle doit être l'objet immédiat d'une réparation convenable.

Avant tout, elle doit être confiée à un chauffeur intelligent, laborieux, sobre, ayant conscience de la responsabilité qui lui incombe, et doué du sang froid nécessaire dans le cas d'un dérangement imprévu. La façon dont il conduit le feu, la régularité avec laquelle il l'entretient sont pour beaucoup dans la question d'économie, si importante pour une industrie quelconque. Il doit veiller avec soin à entretenir un niveau constant de l'eau dans la chaudière, et avoir l'œil et l'oreille, par conséquent, aux indicateurs et aux flotteurs. De temps à autre, il doit vérifier l'état des soupapes qui peuvent se trouver accidentellement surchargées, ou adhérer sur leur siége. Ce sont là des soins qui regardent la sécurité. Relativement à l'économie, c'est par l'entretien régulier d'un feu toujours également vif qu'un bon chauffeur peut y contribuer. La couche de houille ne doit être ni trop mince, ni trop épaisse (de 10 à 15 centimètres au maximum) très-uniformément étalée sur toute la surface de la grille, dont les barreaux doivent toujours laisser passage à l'air pour le tirage.

Au moment de l'allumage et de la mise en train, il y a une perte inévitable de combustible. Mais quand le foyer est bien ardent, que le feu est partout d'une égale blancheur, alors il faut, à mesure de la combustion, charger de nouveau combustible : ni trop souvent, car la nécessité d'ouvrir les portes du foyer causerait des pertes trop fréquentes de chaleur; ni à des intervalles trop éloignés, car le même inconvénient proviendrait du refroidissement du foyer par une trop grosse surchage de houille fraîche.

L'économie qui résulte du bon entretien d'une chaudière ne porte pas seulement sur le combustible, mais encore sur la durée de l'appareil, dont la valeur représente un capital assez considérable, que les réparations accroissent encore. Donc le chef d'une usine a le plus grand intérêt à confier sa machine à un homme capable, actif, habile.

Mais les pertes de chaleur ne sont pas toutes dues, tant s'en faut, à l'impéritie d'un chauffeur. Nous

9

avons dit déjà qu'il y en a d'inévitables. A celles-là
s'ajoutent celles qui sont le fait d'une mauvaise disposition de la chaudière et de l'emploi d'un combustible de mauvaise qualité.

Il y a encore les pertes de chaleur que subit la
chaudière par le fait du rayonnement. Dans les
chaudières établies à poste fixe, à l'intérieur d'un
massif de maçonnerie, cette cause de déperdition
est moindre que dans les autres. Néanmoins, il y a
toujours la partie supérieure du corps principal et
le tuyau de vapeur qui sont exposés à ce refroidissement. Le remède est dans les enveloppes protec-
trices faites de matières qui ont la propriété de
conduire mal la chaleur. Les chaudières des locomotives ont de doubles enveloppes entre lesquelles
l'air interposé, mauvais conducteur de la chaleur,
suffit à atténuer les pertes par rayonnement[1].

---

[1] On emploie avec beaucoup d'avantages, depuis quelques années, l'enduit Pimont (du nom de l'inventeur), ou calorifuge plastique. C'est une sorte de mastic composé de terre argileuse, de
poils d'animaux et de farine de colza. Voici le texte d'un certifi-
cat que cite M. A. Morin et qui témoigne des bons effets de cette
application; il a été délivré par le directeur de la Société des
paquebots du Havre à Honfleur : « Nous avons pu constater les
améliorations suivantes depuis l'application du calorifuge plastique
de M. Pimont, sur les chaudières, tuyaux de conduite de vapeur et
cylindres du steamer *le Français* : 1° économie réalisée dans l'emploi du combustible, environ 10 pour 100; 2° condensation à peu
près nulle dans les tuyaux et dans les cylindres; 3° garantie contre
la chaleur, pour les mécaniciens et les chauffeurs, telle que le
thermomètre, dans la chambre des machines, marquait 18 à 22°
centigrades lorsque la température au dehors était de 11°. »

### PRINCIPAUX TYPES DE CHAUDIÈRES A VAPEUR

Des divers systèmes de chaudières adoptés. — Chaudières à foyer extérieur, à foyer intérieur ; chaudières mixtes. — Chaudière en tombeau de Watt. — Système Farcot, à bouilleurs latéraux. — Invention des chaudières tubulaires, locomotives, marines.—Chaudières à circulation — Avantages des divers systèmes.

Quand on veut faire bouillir de l'eau dans une marmite, l'idée la plus naturelle, la plus simple est de mettre tout bonnement la marmite sur le feu : on ne songe guère à mettre le feu dans la marmite. Cela paraîtrait le renversement du bon sens.

C'est cependant cette dernière idée qui est venue aux constructeurs de machines à vapeur. Au lieu de placer la chaudière sur le feu, ils se sont dit qu'il y aurait avantage à procéder d'une façon inverse, et à mettre le feu dans la chaudière. De cette manière, l'utilisation du combustible, cette condition première de l'industrie de la vapeur, se trouve réalisée à un plus haut degré.

Dans la chaudière à bouilleurs que nous venons de décrire, la chaudière est sur le feu : c'est un générateur à *foyer extérieur*. Il y a donc aussi des générateurs à *foyer intérieur*, et, sous ce seul rapport, on peut former deux types de chaudières qui se subdivisent d'ailleurs en de nombreuses variétés. Enfin, on peut distinguer un troisième type, celui dans

lequel le foyer proprement dit est extérieur et dont
les carneaux ou conduits des gaz de la combustion
sont logés dans l'intérieur de la capacité renfermant l'eau. Ce sont les générateurs ou chaudières
*mixtes*.

Les premières chaudières adoptées dans les machines de Watt étaient des chaudières en forme de
chariot ou en *tombeau*. La figure 56 en représente

Fig. 36. — Chaudière en tombeau, de Watt.

une coupe transversale. La flamme, après avoir
échauffé directement la surface concave inférieure,
revenait latéralement par les carneaux latéraux CC.
Plus tard, elle a été employée sur les premiers
bateaux à vapeur ; mais alors on y ajouta un carneau inférieur D, par où passaient d'abord les gaz de
la combustion avant d'entrer dans les carneaux latéraux, de manière à en former une chaudière mixte.

La forme des parois de la chaudière en tombeau
la rend peu résistante ; aussi l'histoire des accidents des machines à vapeur constate-t-elle que le
plus grand nombre des explosions a eu lieu sur
des chaudières de ce système. Aussi presque partout, elles ont été remplacées.

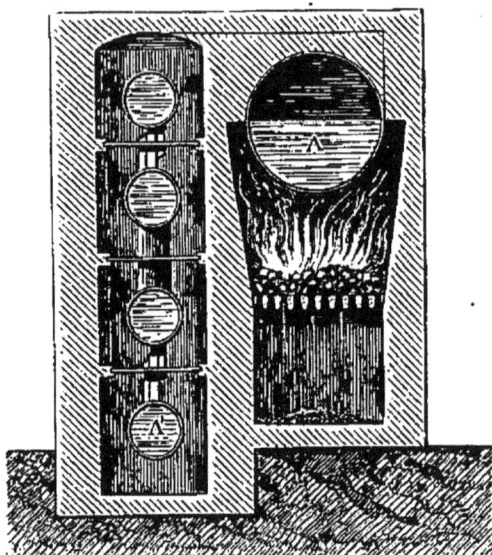

g. 37. — Chaudière Farcot, à bouilleurs latéraux.

Nous avons décrit la chaudière à deux bouilleurs
inférieurs ; mais quelquefois il n'y a qu'un bouilleur, d'autres fois on en dispose jusqu'à trois.
Une disposition intéressante et originale est celle
des bouilleurs latéraux de la chaudière Farcot.
Dans ce système (fig. 37), le corps cylindrique principal A est chauffé directement par le foyer. Quatre
bouilleurs sont placés latéralement les uns au-dessus des autres dans un bâti latéral divisé en

quatre compartiments ou carneaux par lesquels
sont obligés de passer successivement les gaz de la
combustion avant de se rendre dans la cheminée.
De plus, c'est le bouilleur inférieur A' qui reçoit
l'eau d'alimentation. Comme les gaz cheminent
de haut en bas, tandis que l'eau suit un chemin
inverse pour aller de A' dans la chaudière, il en
résulte que ce sont les parties les plus chaudes des
gaz qui sont en contact avec les parois les plus
chaudes de la chaudière; les parties les plus froides
perdent encore leur chaleur à échauffer l'eau la
plus froide avant de s'échapper dans la cheminée.

Imaginons que le corps cylindrique d'une chaumière renferme un tube intérieur d'un suffisant
diamètre entièrement entouré par l'eau, qu'on
place le foyer dans ce tube, au lieu d'en faire seulement un carneau comme celui de la figure 56 :
on aura une chaudière à foyer intérieur. Dans ce
système, la chaleur du foyer est tout entière utilisée et employée à l'échauffement direct des parois
métalliques de la chaudière, sans être absorbée par
les maçonneries du bâti. Mais la surface de chauffe
ne serait point encore assez grande, si la chaudière
n'était extérieurement enveloppée par des carneaux, et alors les inconvénients d'un foyer nécessairement rétréci ne sont plus compensés par les
avantages de cette disposition. Toutefois en Angleterre, on emploie pour les machines fixes des

chaudières horizontales à un ou deux foyers intérieurs.

Dans la plupart des modifications qu'a subies la
chaudière primitive, on retrouve la préoccupation
de développer le plus possible la surface de chauffe,
tout en ménageant le volume et l'emplacement occupé par le générateur. C'est, en effet, comme nous
l'avons vu, la grande question à la solution de laquelle sont liées et la puissance de la machine et
l'économie du combustible. Les bouilleurs, les carneaux intérieurs ou extérieurs, les foyers intérieurs,
tout cela est imaginé dans le but d'utiliser l'activité
du foyer, de manière à ne laisser s'échapper dans
la cheminée que la portion des gaz chauds nécessaire pour produire le courant ascendant, c'est-à-
dire le tirage.

Enfin peu à peu, on en arriva à concevoir la chaudière tubulaire, dont la première idée remonte à
Barlow (1793), mais qui ne fut réalisée qu'en 1829,
par Marc Seguin et Stephenson. Voici en quoi consiste le système des chaudières tubulaires qui, appliquées d'abord sur les chemins de fer à la locomotive, a été adapté aux machines de navigation,
avec les modifications indispensables.

Dans le corps cylindrique principal se trouvent
soudés parallèllement entre eux des tubes qui s'ou-
vrent d'une part dans le foyer, d'autre part dans
les carneaux ou dans la cheminée. Les tubes sont

baignés par l'eau de la chaudière, qui remplit tous leurs intervalles, et qui se trouve directement échauffée par les gaz traversant tous les espaces tubulaires. On verra plus loin dans quelle proportion énorme cette disposition ingénieuse accroît la surface de chauffe et par suite la puissance de vaporisation du générateur.

Dans les locomotives, les locomobiles et les chaudières marines, le foyer se trouve de tous côtés entouré d'eau, sauf bien entendu par sa base, de sorte que la chaudière tubulaire pourrait aussi être considérée comme une chaudière à foyer intérieur. Elle en a certainement tous les avantages.

On trouvera, dans le chapitre consacré à locomotive, des modèles de la chaudière tubulaire appliquée aux machines des voies ferrées. Ici, je me bornerai à donner un exemple d'une chaudière tubulaire marine, qui est en même temps une chaudière à *retour de flammes*, puisque les gaz du foyer, avant de lécher les tubes, passent d'abord dans deux gros cylindres A et B, se réfléchissent sur le fond de la chaudière, et reviennent enfin, par les conduits tubulaires, dans la cheminée où ils s'échappent.

Je n'en finirais pas si je voulais décrire tous les modèles de chaudière de différents systèmes qui ont été proposés et appliqués, ou même qui le sont encore aujourd'hui. En me bornant aux types principaux , mon but sera rempli , car j'aurai ainsi fait comprendre la raison des dispositions variées que revêt le générateur et dont le lecteur pourra trouver des exemples s'il prend la peine , dans ses pérégrinations, de visiter les machines à vapeur

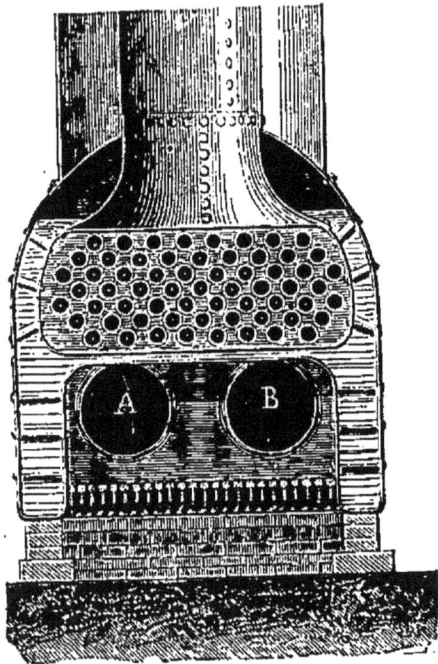

Fig. 58. — Chaudière tubulaire marine à retour de flamme.
Coupe transversale.

des usines, des bateaux, des chemins de fer, dans les divers pays qu'il pourra parcourir.

Il pourra rencontrer encore, outre les types que je viens de définir, des chaudières dont le foyer peut être enlevé à volonté, à *foyer amovible*, selon l'expression technique. Cette disposition peut offrir des avantages de plus d'un genre ; notamment celui

d'un nettoyage rapide et de l'enlèvement des incrustations. Il verra aussi des chaudières à *circulation
d'eau*, principalement formées de tubes où l'on introduit continuellement et successivement l'eau
qui se vaporise presque instantanément, de sorte

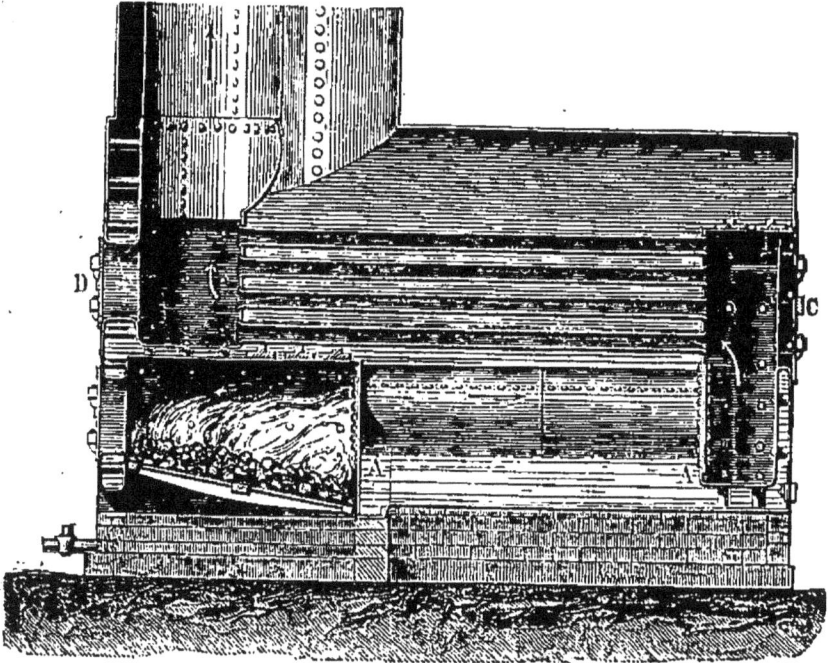

Fig. 39. - Chaudière tubulaire marine à retour de flamme.
Coupe longitudinale.

que si l'introduction de l'eau est interrompue,
il en est de même de la production et de l'é-
coulement de la vapeur; des chaudières *chauffées
au gaz*, généralement employées dans les hauts
fourneaux, où l'on utilise de la sorte les gaz perdus
à leur sortie du gueulard, etc., etc.

De tous ces systèmes de chaudière retenons-en

un, qui nous montrera comment on peut construire
des générateurs, pour ainsi dire rendus inexplosibles par ce fait, que l'eau aussitôt introduite est
immédiatement réduite en vapeur : c'est la chaudière à circulation de M. Belleville, dont l'usage se

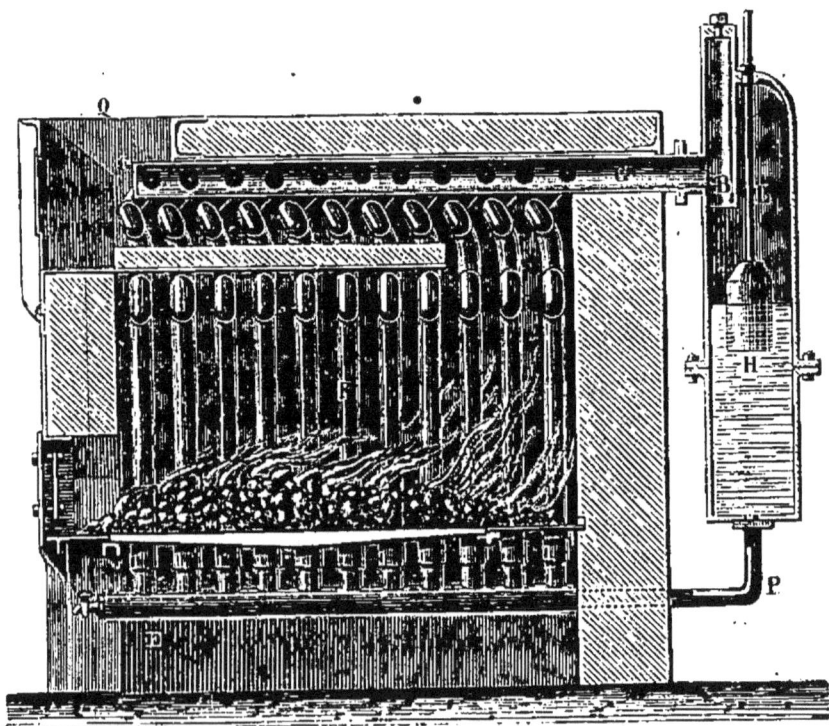

Fig. 40. — Chaudière à circulation de M. Belleville.

répand de plus en plus dans la petite et moyenne
industrie, dans les centres populeux. Elle est utilisée dans plusieurs imprimeries et usines pari-
siennes.

Une série de tubes verticaux, placés dans le foyer
même, communique d'une part à un tuyau horizontal amenant l'eau d'alimentation, d'autre part au

tuyau de prise de vapeur. Chaque tube 'est rempli
d'eau jusqu'à une hauteur la même pour tous, et
forme, pour ainsi dire, une petite chaudière à
moitié remplie d'eau et de vapeur.

L'arrivée de l'eau dans les tubes est réglée à
l'aide d'un appareil spécial, par la pression même
de la vapeur, de sorte qu'à mesure que l'eau se vaporise, elle se trouve remplacée par une quantité
d'eau égale : le niveau dans les tubes de la chaudière reste ainsi constant.

La mise en vapeur est pour ainsi dire immédiate;
pour une chaudière de ce système d'un volume
moindre de 4 mètres cubes (3$^{m}$,74) et de 10 mètres
carrés de surface de chauffe, la vaporisation est de
200 kilogrammes d'eau par heure.

Il existe encore d'autres systèmes de chaudières
à circulation, en France, ceux de MM. Larmangeat,
Boutigny; en Angleterre, celui de M. Scott; je ne
puis que les citer en résumant en quelques lignes,
d'après M. le général Morin, les avantages respec-
tifs des grandes chaudières ordinaires comparées à
ces systèmes nouveaux.

Les premières ont pour elles la sanction d'une
longue expérience; elles produisent, sans beaucoup
de soin et d'entretien et très-régulièrement, la vapeur nécessaire; la manœuvre journalière en est
simple, commode. Mais elles occupent un grand
espace, elles sont sujettes aux explosions.

Au contraire, les chaudières à circulation, beaucoup moins encombrantes et moins coûteuses, pour ainsi dire inexplosibles, ont l'avantage d'une mise en vapeur rapide ; mais elles sont d'un entretien plus difficile ; elles ne sont pas plus économiques au point de vue du combustible. Elles paraissent surtout réservées aux machines de la petite industrie.

Il a été question à plusieurs reprises, dans les pages qui précèdent, du danger d'explosion des machines à vapeur. Ce sont en effet les chaudières qui ont fourni trop souvent des exemples terribles de la réalisation de cet accident soit dans les usines, soit sur les bâtiments à vapeur. On verra plus loin quelles sont les causes ordinaires de ces explosions, et quelles précautions on doit prendre pour les éviter ; en ce moment, la digression serait trop longue, elle nous détournerait de notre grande affaire, qui est d'achever la description de la machine à vapeur et d'en acquérir la complète intelligence.

# III

## LE MÉCANISME MOTEUR

Distribution de la vapeur; son mode d'action sur le piston. Condensation dans les machines à basse pression; condensation à air libre dans les machines à haute pression, sans condenseur.

Nous savons maintenant comment se produit, dans une machine à vapeur, ce qui est le principe du mouvement, l'âme pour ainsi dire du mécanisme original qui a, depuis un siècle, révolutionné l'industrie manufacturière et celle des transports par terre, qui est en train de transformer la marine tant militaire que marchande, et qui s'attaque, dès aujourd'hui, aux pratiques antiques et traditionnelles de l'agriculture.

En décrivant les divers types de chaudières, en montrant les formes variées qu'on lui donne selon la destination spéciale à laquelle elle est affectée, nous espérons avoir mis le lecteur à même de se faire une idée des progrès que la pratique et la

théorie combinées ont suggérés pour la solution
de cette question, si simple au premier abord :
Produire la vapeur nécessaire au mouvement d'une
machine motrice dans les meilleures conditions
de puissance, de régularité et d'économie.

Il s'en faut, on l'a vu, qu'on y soit arrivé du premier coup. Il s'en faut aussi qu'on ait découvert
d'emblée les dispositions des organes du mouvement, du mécanisme moteur, que je vais maintenant décrire. Il eût été beaucoup trop long, et d'ailleurs peu intelligible, de procéder par l'histoire des
phases successives par lesquelles a passé la machine
à vapeur. Au contraire, en acquérant d'abord la
notion précise du fonctionnement tel qu'il existe
dans les machines perfectionnées, on se rendra
compte aisément de l'importance des modifications
principales introduites par les inventeurs.

Donc, nous avons à notre disposition, dans la
chaudière, toute la vapeur nécessaire à la production du mouvement; nous avons la force.

Voyons comment on utilise cette force.

On sait déjà que la vapeur sort du réservoir de
la chaudière par un tuyau qui la conduit à l'intérieur d'un cylindre; que alternativement elle agit
sur une face ou sur l'autre d'un piston mobile dans
ce cylindre; et qu'enfin de cette action alternative
résulte un mouvement de va-et-vient du piston et de

sa tige. Il nous reste à étudier les détails de ce mécanisme, l'agencement du cylindre et du piston mobile, les divers moyens employés pour la distribution de la vapeur, et aussi à faire comprendre quel
est le mode d'action de cette dernière. Nous verrons
plus tard comment le mouvement produit se transmet au dehors de la machine et par quels artifices
mécaniques, de rectiligne et d'alternatif qu'il est
dans la machine, on le transforme en mouvement
continu et circulaire.

La vapeur, arrivant à la chaudière dans le cylindre, agit d'abord sur l'une des faces du piston, qui
se trouve poussé vers l'extrémité opposée. A ce moment, la vapeur doit pénétrer de l'autre côté du
corps de pompe et exerce son action sur l'autre face
du piston. Pour que cette action soit possible, il est
nécessaire qu'on se débarrasse de la vapeur qui
vient d'agir en sens inverse, parce que la force élastique qu'elle possède encore s'opposerait au mouvement. On parvient à ce résultat, en donnant alternativement à la vapeur qui a joué son rôle
une issue à l'extérieur du cylindre. L'espace dans
lequel elle pénètre est tantôt l'air libre, tantôt un
vase vide d'air et maintenu, par un jet continu
d'eau froide, à une basse température.

Dans le premier cas, qui est toujours celui des
machines où la vapeur fonctionne à *haute pression*,
c'est-à-dire avec une force élastique égale à plu-

sieurs atmosphères, la vapeur qui vient de travailler s'échappe, et sa tension se trouve rapidement réduite à celle de l'atmosphère elle-même,
ce qui permet à la vapeur d'agir sur la surface
opposée au piston.

Dans le second cas, la vapeur se condense brusquement par son introduction dans l'espace vide et
froid (qui, pour cette raison, est nommé *condenseur*). Sa force élastique qui pouvait n'être guère
supérieure à une atmosphère, est instantanément
annulée, ou du moins grandement réduite, de sorte
que la chambre du cylindre où elle vient d'agir est
elle-même ramenée au vide : la vapeur introduite
de l'autre côté n'a donc plus à vaincre que l'obstacle du piston lui-même.

Les divers mécanismes imaginés pour conduire
ainsi la vapeur dans le cylindre de chaque côté du
piston, puis à l'air libre ou dans un condenseur
pour détruire ou réduire, dès qu'elle a agi, sa force
élastique, constituent ce qu'on nomme la *distribution de la vapeur* ; on va voir quels sont les principaux systèmes employés dans ce but.

Parlons d'abord du cylindre, la pièce capitale du
mécanisme moteur.

C'est, le plus ordinairement une pièce coulée en
fonte, dont l'intérieur, de forme parfaitement cylindrique, a été tourné et alésé avec le plus grand
soin ; un des fonds est quelquefois venu de fonte,

d'autres fois vissé solidement comme l'autre fond,
de manière à ce que l'un des deux au moins puisse
être enlevé entièrement et permettre ainsi l'introduction du piston.

L'un des fonds donne passage à la tige du piston,
et l'ouverture qui sert à cet objet est munie d'une
boîte à étoupe (*stuffing-box*), afin que la tige, dans
son mouvement, ne présente aucune fuite à la vapeur du cylindre.

Quant au piston lui-même, on le construit d'une
foule de manières différentes. Le plus souvent, il
est formé de deux plateaux métalliques d'un diamètre un peu plus petit que celui du cylindre, et
solidement reliés entre eux ainsi qu'à la tige qui
les traverse. Sur leur pourtour, sont ménagées des
gorges pour loger la *garniture*, c'est-à-dire la partie
du piston dont la surface extérieure doit glisser à
frottement doux, mais parfaitement étanche contre
la surface intérieure du cylindre, de manière que
la vapeur ne puisse passer de l'une des chambres
dans l'autre. La garniture était jadis formée de
tresses de chanvre qu'il fallait graisser souvent et
remplacer de même, à cause de la rapidité de l'u-
sure. On y a substitué avantageusement des garni-
tures métalliques, formées de fragments d'anneau
pressés par des ressorts intérieurs, comme on le
voit dans la figure 41. Aujourd'hui, on préfère encore à ce mode de garniture celui des pistons

Ramsbottom, dont le corps se compose d'un plateau unique, évidé pour avoir plus de légèreté et entouré de deux cercles en acier doux fondu qui s'engagent dans deux gorges extérieures et font ressort. La surface de ces cercles presse ainsi les parois du cylindre, formant une excellente garni-

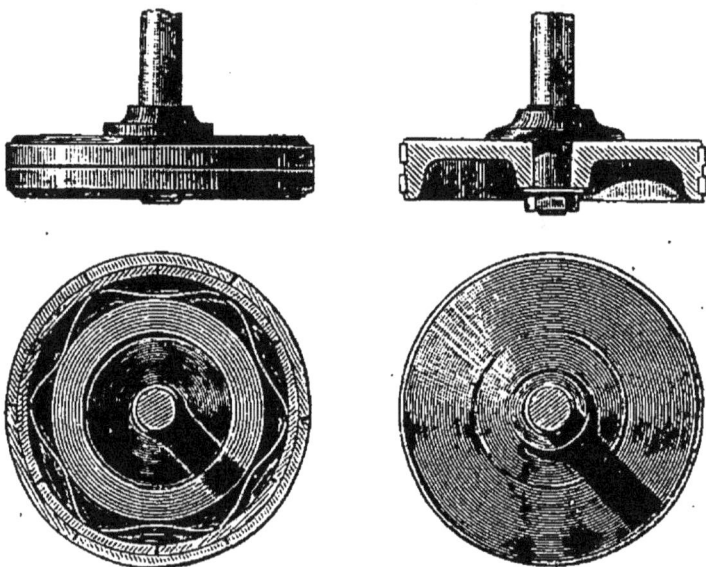

Fig. 41. — Piston à ressort.  Fig. 42. — Piston suédois.

ture, très-simple et très-peu coûteuse d'entretien. Le piston suédois (fig. 42) ne diffère du précédent que par la largeur des cercles, qui est plus grande, et leur composition, qui est en fonte durcie par un peu d'étain.

Le piston et le cylindre ainsi construits et agencés, il nous reste à voir comment se fait l'introduction et l'échappement, en un mot, la *distribution de*

*la vapeur*. Ajoutons toutefois auparavant un détail
qui a son importance, c'est que le mouvement du
piston est facilité par l'huile dont on lubrifie de
temps à autre les parois du cylindre. Celui-ci est
muni, à ce effet, d'un ou plusieurs robinets qu'on

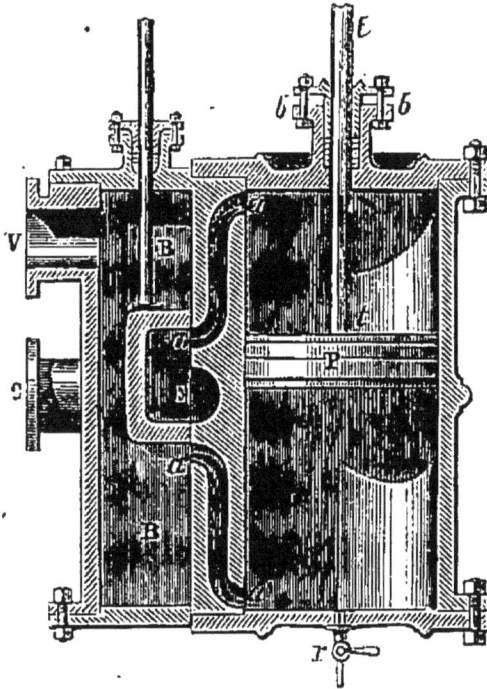

Fig. 43. — Coupe longitudinale d'un cylindre.

nomme les *robinets graisseurs* et qu'il est inutile de
décrire d'une façon détaillée.

Reportons-nous à la figure 43, qui donne la section longitudinale d'un cylindre. On voit, en *aa'*,
près de chacun des fonds, l'ouverture d'un double
conduit *aa,a'a'*, pratiqué dans l'épaisseur de la face
latérale : ce sont les ouvertures par où la vapeur

arrive alternativement et agit sur l'une, puis sur l'autre face du piston ; on les nomme les *lumières d'admission*. Ces deux lumières débouchent extérieurement sur une face bien dressée, et, entre les deux, on voit une troisième ouverture E, qui sert à faire échapper la vapeur quand elle a produit son effet, et qu'on nomme pour cette raison *lumière d'échappement*. C est le tuyau par où la vapeur se répand à l'air libre, ou bien va perdre sa force élastique dans le condenseur.

Maintenant, par quel mécanisme s'opère la distribution, formée, comme on voit de deux opérations partielles, l'admission de la vapeur et l'échappement, qui doivent se répéter deux fois pour obtenir une phase complète du mouvement de va-et-vient du tiroir ? Il y a divers modes employés suivant les machines : décrivons d'abord celui que représente notre dessin.

On voit, dans la *boîte à vapeur* BB, une boîte prismatique ouverte par une face, et qu'on nomme le *tiroir*. Le tiroir s'applique par sa face ouverte contre le plan bien dressé où nous venons de voir que débouchent extérieurement les trois lumières. L'espace BB se nomme la boîte à vapeur, parce qu'en effet la vapeur amenée de la chaudière par le tuyau V y afflue librement ; mais la capacité du tiroir, au contraire, est toujours fermée à la vapeur affluente, tandis qu'elle communique constamment avec le tuyau d'échappement et aussi tantôt avec l'un, tantôt avec l'autre des conduits d'admission du cylindre. Enfin le mouvement du tiroir est produit par la machine même à l'aide d'une tige et d'un excentrique calé sur l'arbre du volant.

En suivant le mouvement successif et alternatif

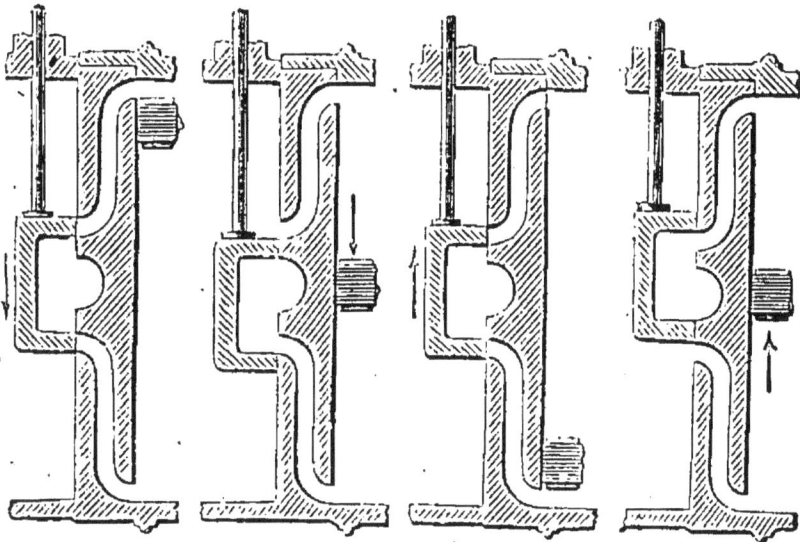

Fig. 44 — Phases diverses du mouvement de va-et-vient du piston et du tiroir.

du tiroir représenté sur la figure 44, on comprendra aisément les phases de la distribution de la vapeur.

Dans sa première position, les deux *bandes* ou bords pleins du tiroir masquent à la fois les deux lumières d'admission, mais son mouvement, qui a lieu de haut en bas, va bientôt les laisser ouvertes toutes deux ; l'une, celle d'en haut, à la vapeur de la boîte qui aura ainsi accès dans le cylindre ; l'autre, la lumière inférieure, communiquera au contraire avec l'échappement.

Le piston était au début contre le fond supérieur du cylindre. Il va se mouvoir de haut en bas, car la vapeur admise le poussera dans ce sens, tandis que celle qui venait de le faire monter se trouvera condensée, annulée par sa communication soit avec l'air extérieur, soit avec le condenseur.

Dans la seconde position de la figure, le tiroir est arrivé à la fin de son mouvement dans ce sens, et le piston est au milieu de sa course. Le tiroir va maintenant revenir à sa position primitive, pendant que le piston continuera son mouvement descendant, qu'on voit terminé à la troisième phase. Maintenant ce sera le tour à la lumière supérieure de se découvrir et de communiquer avec le tuyau d'échappement, tandis que la lumière inférieure, s'ouvrant dans la boîte à vapeur, va donner accès à la vapeur sur la face inférieure du piston et le faire remonter dans le cylindre. La quatrième phase de la figure le montre au milieu de sa course ascendante, tandis que le mouvement ascendant du tiroir se trouve au contraire achevé.

Tel est le mécanisme de la distribution de la vapeur dans les machines où le *tiroir à coquilles* est adopté. Mais, comme je l'ai dit, il y a eu et on emploie encore d'autres dispositions dont on comprendra

parfaitement le jeu maintenant, à la seule inspec-
tion des figures qui les représentent. C'est d'abord
le système des *soupapes de distribution* de Watt
(fig. 45) ; puis le *tiroir à pistons* (fig. 46) également
imaginé par cet inventeur ; enfin le *tiroir en D*,
dont le nom est dû à la ressemblance de la sec-

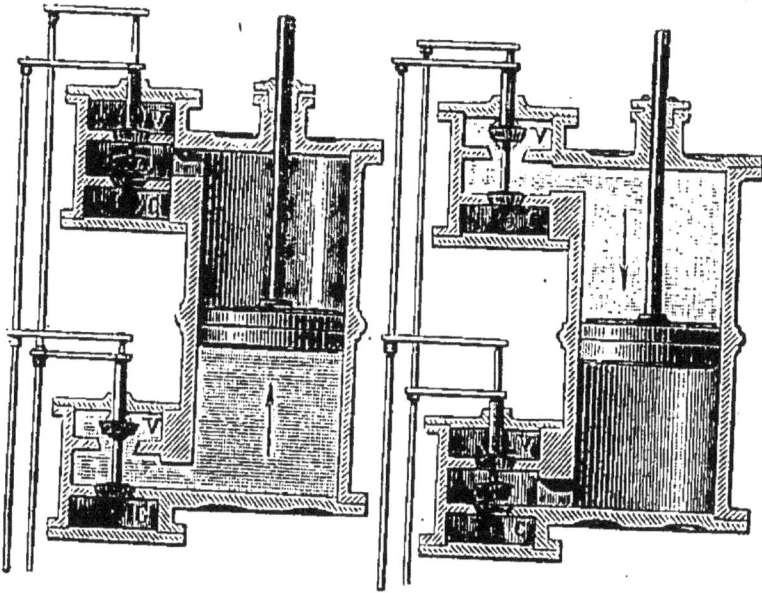

Fig. 45. — Soupapes de distribution de Wat.:

tion de la pièce principale avec la lettre D (fig. 47).

Dans la première de ces trois figures, on voit
deux boîtes à soupapes adaptées aux deux extrémités du corps du cylindre. Chacune d'elles se
trouve divisée par deux soupapes mues par un système de tringles en trois compartiments, dont
celui du milieu est en communication directe avec
chaque lumière ; tandis que les deux autres com-

muniquent, le supérieur V avec le tuyau de vapeur,
l'inférieur C avec l'air extérieur ou le condenseur.
Les deux phases principales du mouvement montrent à la fois le jeu des soupapes et l'action alternative de la vapeur sur les deux faces du piston.

Le tiroir à pistons est ainsi nommé parce que ce

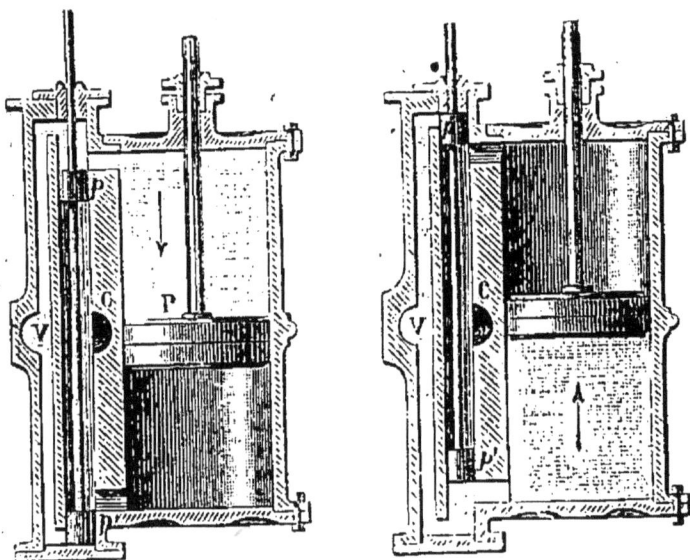

Fig. 46. — Distribution de la vapeur. Tiroir à pistons.

sont deux pistons $p\ p'$, mus par une tige dans un
espace cylindrique contigu au cylindre, qui tantôt
laissent à la vapeur l'accès libre d'une des lumières
d'admission, et de la chambre correspondante du
cylindre, tantôt mettent cette chambre et la vapeur
qui vient d'agir en communication avec le condenseur C.

Enfin le tiroir en D est une pièce creuse, mobile

dans la boîte à vapeur, qui s'applique et glisse par
ses deux extrémités planes contre la face du cylindre où viennent aboutir les lumières d'admission.
La vapeur qui vient de la chaudière par l'ouverture V peut toujours circuler autour du tiroir sans
pénétrer jamais par l'une ni par l'autre de ses

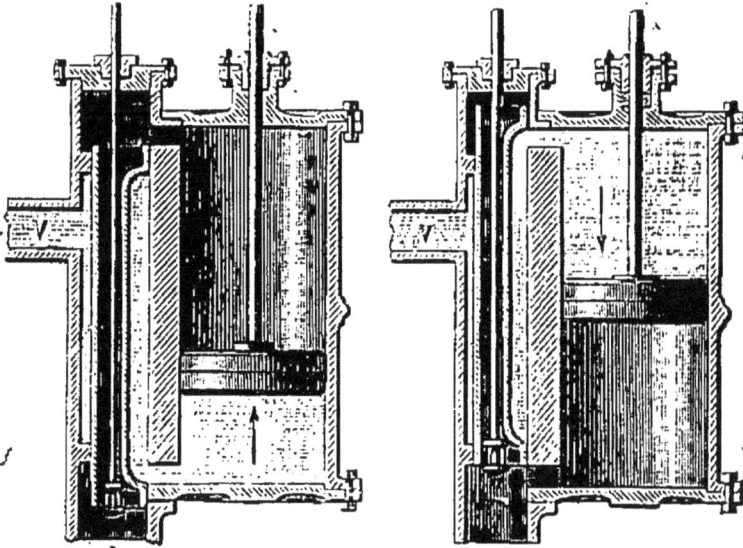

Fig. 47. — Distribution de la vapeur. Tiroir en D.

extrémités ; celles-ci sont au contraire sans cesse
en libre communication avec le condenseur. Les
deux bords plans du tiroir dans leur mouvement
de va-et-vient laissent donc alternativement l'une
des lumières recevoir la vapeur de la chaudière,
pendant que la vapeur, après son action sur le piston, sort par l'autre lumière et se précipite dans le
condenseur ou à l'air libre.

Dans chacun de ces modes de distribution, il est

aisé de suivre les mouvements correspondants du piston, des tiroirs et des soupapes, dans leurs diverses phases. Ce que nous avons dit, en décrivant le tiroir à coquilles, suffira pleinement à en donner l'intelligence.

### DÉTENTE DE LA VAPEUR

Des deux modes d'action de la vapeur : travail de la vapeur à pleine pression ; travail de la vapeur avec détente. — Divers systèmes de détente : système Clapeyron ; système Meyer ; système de Woolff.

Nous voici donc arrivés à comprendre, au moins dans son principe, sinon dans tous les détails de son mécanisme, le mode de distribution de la vapeur. Nous savons, non-seulement, comment on s'y prend pour la produire d'une façon régulière, continue, mais encore comment elle va, une fois produite, de la chaudière au cylindre pour donner au piston et à la tige le mouvement alternatif ou de va-et-vient, dont il s'agit ensuite, en le transformant, d'utiliser le travail.

Mais, en se reportant aux allées et venues correspondantes du piston et des diverses pièces qui constituent le mode de distribution de la vapeur, on peut voir que nous avons toujours supposé que les deux lumières du cylindre avaient la même largeur que les bandes pleines du tiroir, de sorte qu'elles se trouvaient tantôt entièrement recouvertes, tantôt entièrement libres. De là il résulte que la vapeur de la chaudière afflue à pleine pression sur chaque face du piston pendant toute la durée de la course de celui-ci : c'est ce qu'on exprime en disant que la *vapeur travaille à pleine pression*.

A l'origine, on ne connaissait point d'autre moyen de faire agir la vapeur. Watt, dont on retrouve le nom dans presque toutes les découvertes capitales qui ont transformé la machine à vapeur primitive, a trouvé qu'il y avait un double avantage à ne donner accès à la vapeur de chaque côté du cylindre que pendant une partie seulement de la course du piston : il en résulte d'abord une plus grande régularité dans le mouvement même, puis, à égalité de travail, une notable économie de vapeur et par conséquent de combustible.

La vapeur, introduite par exemple pendant le premier tiers seulement de la course du piston, continue d'agir sur celui-ci, mais comme l'espace qu'elle occupe ensuite va en augmentant jusqu'à la fin, elle agit en se dilatant comme un ressort qui se détend, de sorte que sa force diminue jusqu'à la fin de la course du piston. On dit alors que *la vapeur travaille avec détente*.

Ce mode d'action de la vapeur est aujourd'hui presque universellement adopté. Mais avant d'insister sur les avantages qu'il présente et de préciser l'économie de vapeur ou de combustible à laquelle la détente donne lieu, il faut que nous montrions par quelle modification du mécanisme de distribution on parvient à l'obtenir.

Là encore, si je voulais faire un traité complet de la machine à vapeur, j'aurais à décrire des systèmes variés de détente. Il me suffira, pour le but que je me propose, de donner une idée d'un ou deux des plus importants.

Commençons par le *système de détente* dit de Clapeyron, parce que la disposition en est due à ce savant ingénieur.

Elle consiste dans une simple modification du tiroir, ou plutôt de la largeur des bandes qui recouvrent les lumières. Au lieu de donner à cette largeur la dimension précise de celle de chaque lumière, on la fait plus grande. Les rebords $ab$, $a'b'$, $cd$ $c'd'$, extérieurs et intérieurs, forment ce qu'on nomme le *recouvrement* du tiroir, parce que l'objet de ces saillies est de diminuer la durée de l'admission de la vapeur dans le cylindre par chacune des deux lumières. Il faudrait entrer dans des détails trop longs, trop techniques pour suivre le mouvement du tiroir à détente dans toutes ses phases, et pour faire voir clairement quel est, aux mêmes phases, le mode d'action de la vapeur. Mais nous pouvons résumer cette action en disant que chaque introduction de la vapeur dans le cylindre donne lieu à quatre périodes successives que nous allons caractériser :

Dans la première période, il y a *admission de vapeur* qui travaille pendant ce temps à pleine pression, c'est-à-dire avec la pression de la chaudière ; après quoi la lumière d'admission se ferme.

Dans la seconde période, il y a *détente de la vapeur* admise, qui alors travaille avec une force décroissante, jusqu'au moment où la lumière s'ouvre à l'échappement ;

L'*échappement* caractérise donc la troisième période ; mais comme par le fait du recouvrement l'échappement cesse avant que le piston ait atteint le fond du cylindre, il y reste une certaine quantité de vapeur que le piston refoule et comprime un peu avant le début de la période nouvelle d'admission ;

De là, la *période de compression*, qui termine le cycle des mouvements alternatifs du tiroir et ramène le piston à la même position initiale.

La détente de Clapeyron est surtout employée dans les machines à mouvements rapides, telles que les locomotives.

Dans le système de détente de Meyer, le tiroir est percé de deux orifices qui viennent alternativement communiquer avec les lumières d'admission ; ce sont deux blocs BB′, ayant un mouvement indépendant de celui du tiroir, qui viennent fermer ces orifices, faire cesser l'admission et commencer la détente.

Enfin, dans le système de Woolff, la détente n'a

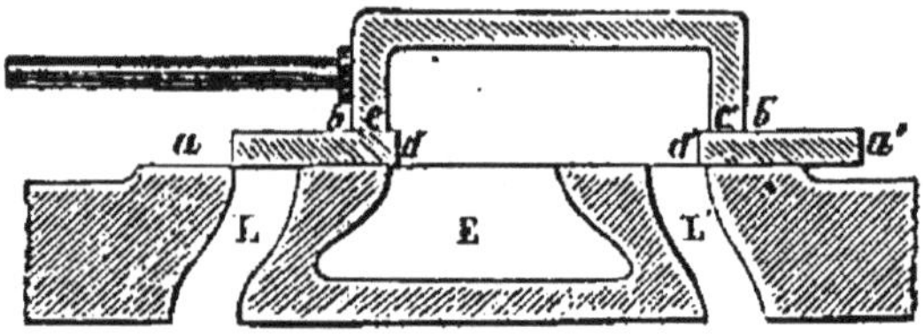

Fig. 48.—Système de détente de Clapeyron. Tiroir à recouvrement.

pas lieu dans le cylindre lui-même, mais dans un cylindre de plus grand diamètre juxtaposé au pre-

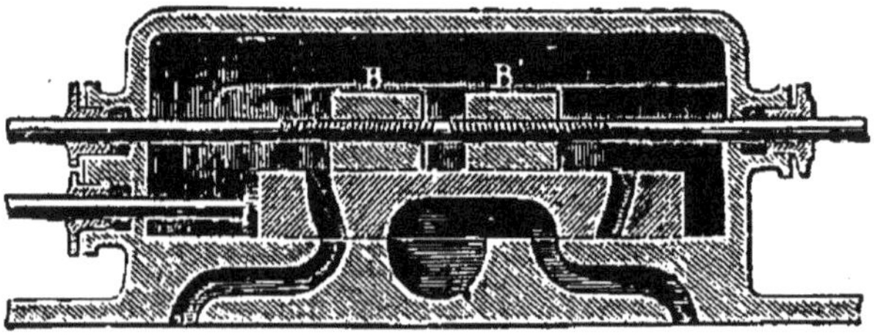

Fig. 49. — Système de détente de Meyer.

mier (fig. 50). C'est pour cela qu'on donne aux machines à vapeur qui emploient ce mode de détente le nom de *machines à deux cylindres.*

La figure 51 va faire comprendre le mécanisme de la distribution dans ces machines.

Chacun des deux cylindres A, B, est muni d'une boîte à vapeur où se meut un tiroir ordinaire, et

des lumières d'admission et d'échappement disposées comme on sait.

C'est par l'orifice V qu'arrive la vapeur de la

Fig. 50. — Système de distribution et de détente de Woolf. Vue extérieure
des deux cylindres.

chaudière, laquelle se répand d'abord dans la boîte
du cylindre A et de là pénètre au-dessous du piston
P, par exemple. Ce piston reçoit donc un mouve-

ment de bas en haut ; il refoule la vapeur qui était
de l'autre côté dans le tuyau d'échappement E,
tuyau qui, au lieu de communiquer avec le condenseur comme dans les machines à un seul cylindre, va déboucher dans la boîte à vapeur du cy-

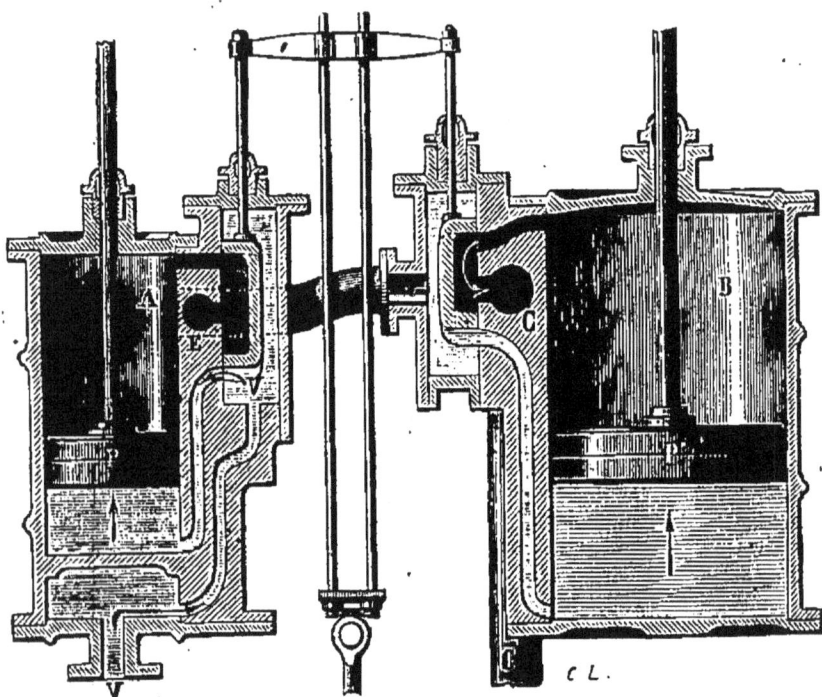

Fig. 51. — Coupe des deux cylindres, dans le système de détente
de Woolff.

lindre B. Là elle pénètre par la lumière inférieure
d'admission au-dessous du piston P'; et en s'y détendant, elle produit également le mouvement ascendant de ce piston. Quant à la vapeur qui se
trouvait de l'autre côté dans la chambre supérieure
du grand cylindre, elle va, comme à l'ordinaire,
se condenser dans le tuyau CC ou à l'air libre.

11

Le mouvement simultané des deux tiroirs en sens inverse donnera lieu à un mouvement des deux pistons de haut en bas, la vapeur agissant à pleine pression dans le petit cylindre, tandis que dans le grand cylindre elle agit toujours avec détente.

# IV

## LE MÉCANISME DE TRANSMISSION

Transformation du mouvement rectiligne de la tige du piston en mouvement circulaire alternatif, puis continu; bielle et manivelle. — Machine
à balancier. — Parallélogramme articulé de Watt.

Voilà donc notre machine à vapeur en pleine activité. La chaudière est allumée; la vapeur est
abondamment fournie au cylindre et sous la pression
convenable; la distribution fonctionne, avec ou sans
détente, avec ou sans condenseur, peu importe.
Le mouvement est donné : le piston fournit, par
minute, le nombre de coups qui est utile à l'emploi, à la destination de la machine. Il nous reste
à montrer comment ce mouvement est transmis,
par quel mécanisme on le transforme, on le règle,
on en assure la régulière continuité.

Le problème à résoudre n'est pas spécial aux machines à vapeur. Un moteur quelconque peut donner lieu à la même question : « Étant donné le

mouvement de va-et-vient de la tige d'un piston,
c'est-à-dire un mouvement alternatif et rectiligne,
trouver un mode de transmission qui le change èn
mouvement continu et circulaire, qui fasse tourner,
par exemple, un arbre moteur, auquel tous les
mouvements partiels dont l'usine peut avoir besoin
viendront puiser simultanément ou à leur tour. »

Mais l'invention des machines à vapeur, les progrès que cette invention a provoqués dans toutes
les parties de la mécanique appliquée, ont contribué
à rendre tout aussi intéressante que les autres la
partie de la science qui a pour objet le mécanisme
de transmission. Passons rapidement en revue
les différents systèmes imaginés.

Le plus ancien, qui est encore adopté pour un
grand nombre de machines, comprend les machines
à balancier, dont la figure 52 donne le principe.

La tige *t* du piston, dont l'extrémité décrit une
ligne droite verticale, est reliée à l'extrémité d'une
grande pièce oscillante, ou levier, AB, qu'elle fait
mouvoir autour d'un point fixe I, dans un plan vertical. Cette pièce est le *balancier*, à l'autre extrémité
duquel s'articule une tige ou *bielle*, qui agit à
son tour sur une manivelle, calée en O sur l'arbre à
mettre en mouvement. Grâce à cette disposition, le
mouvement rectiligne alternatif du piston se trouve
transformé en mouvement circulaire continu.

Ici, le balancier est au-dessus de la tige du pis-

ton, mais il peut aussi être placé au-dessous, et
nous verrons des exemples de cette disposition dans
les machines à vapeur que nous aurons l'occasion
de décrire plus loin, en parlant des types.

Je viens de dire que, par le balancier, la bielle
et la manivelle, le mouvement alternatif et recti-

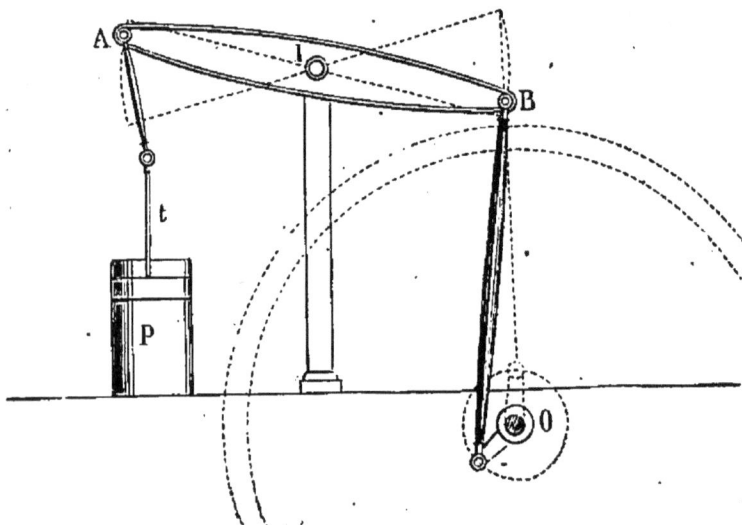

Fig. 52.— Principe de la transmission dans les machines à balancier.

ligne du piston se trouve transformé en mouvement circulaire continu. Oui, mais cette transformation n'est pas directe, car les extrémités du
balancier oscillent en décrivant chacune un arc de
cercle, tantôt dans un sens, tantôt dans l'autre;
le mouvement est donc d'abord circulaire alternatif; c'est la bielle et la manivelle qui achèvent la
transformation et produisent la continuité du mouvement circulaire.

Il résulte de là que la tige du piston, qui se meut
verticalement, ne peut être directement liée à l'extrémité du balancier, parce que celle-ci la forcerait
à suivre le contour de l'arc, et, dès lors, la courbe-
rait tantôt à droite, tantôt à gauche. Dans le but
d'éviter cet inconvénient, qui détériorerait promptement la machine, Watt a imaginé un système

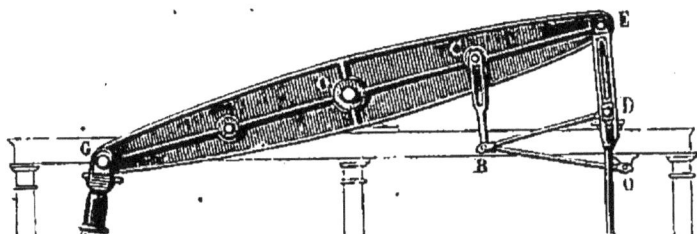

Fig. 53. — Parallélogramme articulé de Watt.

d'articulation fort ingénieux connu sous le nom de
*parallélogramme de Watt*, et dont voici la description succincte :

La tige du piston, au lieu d'être liée directement à
l'extrémité E du balancier, l'est au sommet D du parallélogramme CBDE, dont les quatre côtés, rigides
et de dimensions invariables, sont articulés aux
sommets, de sorte que les angles varient suivant le mouvement qu'impriment les oscillations
du balancier. De plus, le sommet B est rattaché,
par une tige BO, à un point fixe O du bâti de la
machine. Les longueurs relatives de ces diverses
lignes sont calculées de telle sorte que le som-

met D décrit très-sensiblement une ligne droite verticale, pendant que les points C, E, B décrivent des arcs de cercle ayant pour centres les deux points OO. A la vérité, pour qu'il en soit ainsi, l'oscillation du balancier ne doit pas dépasser les limites de 20 degrés de part et d'autre de l'horizontale. Le point milieu du côté BC jouit de la même propriété que le point D[1] : aussi l'utilise-t-on dans les machines de Woolff, où les pistons des deux cylindres doivent se mouvoir d'ensemble.

On comprend que le système qu'on vient de décrire se reproduit en double, dans le sens de l'épaisseur, de chaque côté du balancier, ce qui fait qu'en réalité la tige du piston est articulée à un axe horizontal reliant le double point D.

### LES RÉGULATEURS

Le volant ; du véritable rôle qu'il joue comme régulateur. — Le pendule conique de Watt, ou régulateur à force centrifuge.— Régulateurs Farcot et Flaud. — Comment l'excentrique communique le mouvement au tiroir. — Les pompes d'alimentation et d'épuisement.

Achevons maintenant notre description de la machine à vapeur qui, jusqu'ici, nous a servi de modèle. Divers détails du mécanisme sont restés dans l'om-

[1] Considérons isolément deux tringles égales OB, AE mobiles autour du point O et du point E et reliées à une tige AB articulée en A et en B. Quand on cherche géométriquement la ligne que décrit pendant le

bre, que maintenant on va pouvoir saisir aisément.

mouvement alternatif des deux tringles le point F au milieu de AB, on trouve que cette ligne est une sorte de 8 allongé dont une partie est sensiblement rectiligne et perpendiculaire à la position moyenne des deux droites parallèles. OB étant le balancier de la machine, F devait être le point d'attache du piston : A E était, selon l'expression de Watt, le *rayon régulateur*. Cette disposition, qui a été employée à l'origine et à laquelle on donne le nom de parallélogramme simple, renferme tout le principe de celle que nous ve-

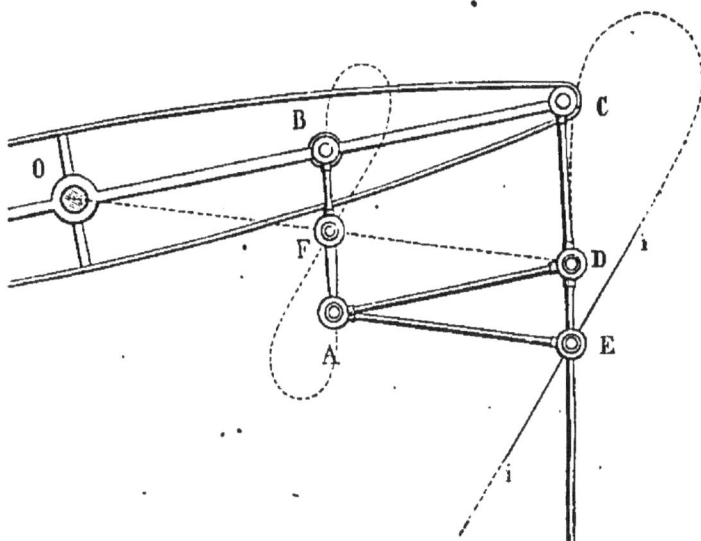

Fig. 54. — Courbes décrites par les points d'articulation des tiges du piston et la pompe d'épuisement.

nons de décrire. Mais le rayon régulateur ou contre-balancier devait avoir une longueur égale à celle du demi-balancier, et c'est pour diminuer cette longueur que Watt a imaginé le *parallélogramme articulé*.

Supposons OC double de OB; formons le parallélogramme ABCD ayant les sommets articulés entre eux et avec le contre-balancier AE. Il suivra les mouvements du système des trois tringles. Le point F continuera à décrire une ligne droite; mais le point D en fera autant, puisqu'il sera toujours sur la ligne OF prolongée à une distance OD double de OF. C'est en D que s'articule la tige du piston, comme nous l'avons vu plus haut, dans le texte.

Tout d'abord on voit, en suivant la figure 52, que, sur l'arbre moteur mû par le système de bielle et de manivelle décrit plus haut, est montée une grande roue, le plus souvent en fonte, à laquelle on donne le nom de *volant*. Cette pièce, qui se trouve dans toutes les machines motrices, a pour objet de régulariser le mouvement.

Dans une machine motrice telle que la machine à vapeur, la vitesse est sujette à éprouver des variations qui peuvent dépendre, soit de la force motrice elle-même, c'est-à-dire de la vapeur qui sort du générateur plus ou moins abondante et douée d'une pression plus ou moins considérable, soit de l'emploi de la force dans l'usine où la machine est établie. On comprend qu'il y ait intérêt à ce que ces variations soient renfermées dans des limites restreintes : on y parvient de diverses manières, et, en premier lieu, par l'emploi des volants qui augmentent la masse des parties mobiles de la machine. Lorsqu'il y a excédant de vitesse, la masse du volant absorbe l'excès de travail moteur sous forme de force vive, qu'elle restitue, quand le mouvement se ralentit, aux diverses pièces de la machine. On donne à la fois au volant un grand poids et un grand diamètre, et la plus grande partie de sa masse se trouve répartie dans l'anneau qui en forme la circonférence.

Les dimensions et les poids des volants se cal-

culent en tenant compte à la fois de la puissance
de la machine et de l'irrégularité plus ou moins
grande du travail moteur et du travail résistant.

L'emploi d'un volant, pour régulariser le mouvement d'une machine à vapeur, ne remplit son
objet qu'autant que la vitesse est tantôt supérieure,
tantôt inférieure à la vitesse normale. Mais s'il y
avait lieu de craindre que cette vitesse fût toujours

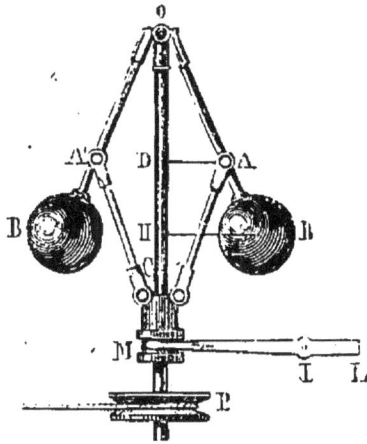

Fig. 55. — Régulateur de Watt, à force centrifuge.

en excès, ou toujours en défaut, le volant n'y pourrait rien, attendu qu'il acquerrait lui-même une vitesse trop grande ou trop petite, et cet excès pourrait, dans le premier cas, aller en augmentant
jusqu'à la rupture. La force centrifuge, qui croît
avec le carré de la vitesse, serait la cause de cet
accident, que prévient l'usage d'un autre genre de
régulateur.

Je veux parler du *régulateur à force centrifuge*, à

l'aide duquel la machine règle d'elle-même sa vitesse quand la vapeur, afflue de la chaudière avec surabondance ou excès de pression, ou quand la vapeur, n'arrivant pas en quantité suffisante, la vitesse du moteur se ralentit.

Cet appareil se compose de deux boules métalliques BB supportées par deux tiges OA OA' articulées autour du point fixe O appartenant à un axe vertical. Deux autres tiges, articulées en A et A', sont liées à un manchon ou collet M, qui embrasse l'axe vertical et s'élève ou s'abaisse le long de cet axe. Tout le système reçoit d'ailleurs, par l'intermédiaire d'une poulie P, un mouvement de rotation emprunté à l'arbre moteur de la machine. Enfin, le manchon M est embrassé par une fourchette formant une extrémité d'un des bras du levier IL.

Quand la machine fonctionne avec sa vitesse réglementaire, le levier MIL reste horizontal. Si la vitesse s'accélère, la force centrifuge éloigne les boules de l'axe, le manchon s'élève, et, avec lui, le bras du levier IM : l'autre bras, IL, s'abaisse en tournant autour du point I. Si, au contraire, la vitesse se ralentit, la force centrifuge diminue, et les boules se rapprochent de l'axe, ce qui fait abaisser le manchon et produit un mouvement opposé du levier.

Or le levier communique avec une valve du

tuyau amenant la vapeur de la chaudière, de telle
façon que la valve se ferme progressivement dans
le premier cas, et s'ouvre davantage dans le second.
L'afflux de la vapeur se trouve donc diminué quand
la vitesse de la machine dépasse la limite normale;
elle est introduite, au contraire, avec plus d'abondance, s'il y a eu ralentissement.

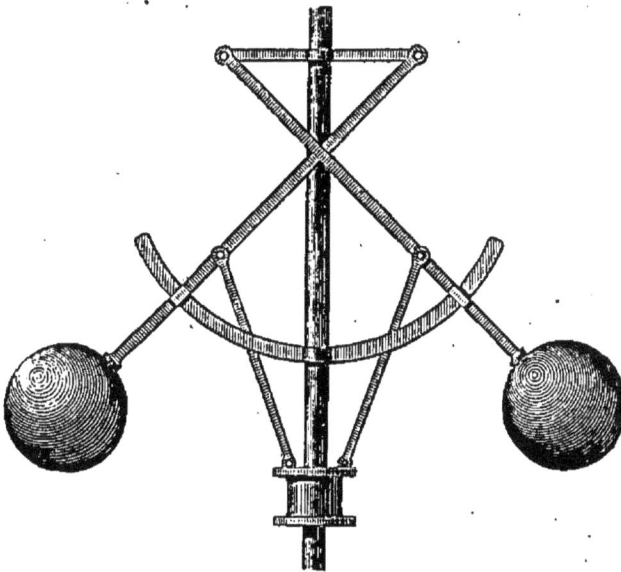

Fig. 56. — Régulateur Farcot à tiges croisées.

Les deux figures 56 et 57 représentent deux
autres systèmes de régulateurs dont la disposition
est un peu différente de celle du *régulateur à force
centrifuge* (on connaît aussi ce dernier sous les noms
de *modérateur de Watt* ou de *pendule conique*). Tous

deux sont, comme le premier, fondés sur l'action de la force centrifuge appliquée à des masses qui tournent avec un axe mis en mouvement par la machine. Mais le pendule conique a l'inconvénient que les régulateurs Farcot et Flaud n'ont pas, de régler, avec la vitesse de régime, la puissance de la machine, tandis que ceux-ci permettent de faire varier cette puissance, sans que la vitesse de ré-

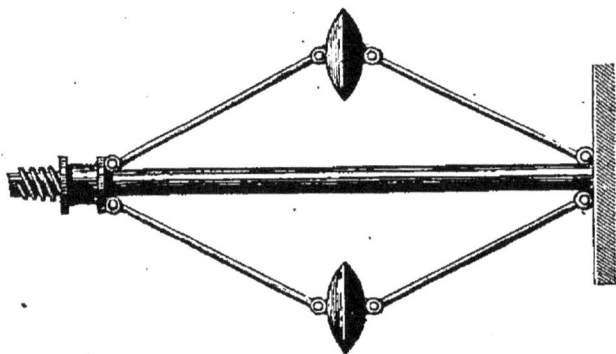

Fig. 57. — Régulateur Flaud.

gime varie sensiblement, ce qui est quelquefois utile dans certaines industries.

Revenons maintenant à notre machine, au mécanisme de transmission, et faisons voir comment le mouvement soit du balancier, soit de l'arbre moteur, est utilisé pour le fonctionnement du tiroir, des pompes d'alimentation et d'épuisement. Après cela, nous passerons en revue les types de machines qui, avec la machine à balancier, sont le plus fréquemment employées dans l'industrie manufacturière.

Sur l'arbre moteur de la machine est calé un *excentrique*, qu'on voit en *dd* sur la figure 59, et dont la fonction est de produire le mouvement alternatif du tiroir. Voici, en deux mots, comment s'obtient ce résultat. L'excentrique (fig. 58) est formé d'une pièce métallique circulaire traversée par l'arbre en un point qui n'est pas son centre.

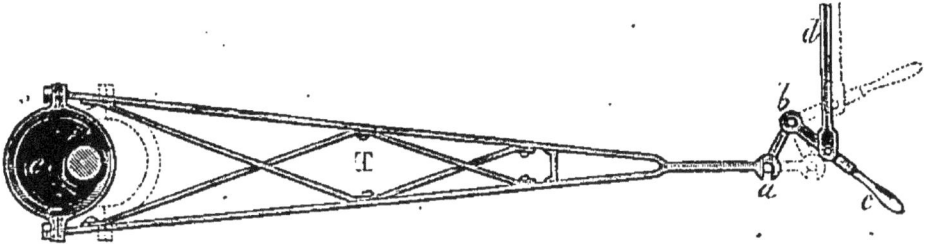

Fig. 58. — Excentrique déterminant le mouvement du tiroir.

Son mouvement de rotation entraîne celui d'un collet où bride portant un long triangle métallique T. Mais l'extrémité de ce dernier s'accroche à l'une des branches d'un levier coudé *abc*, dont l'autre branche porte la tringle *d* du tiroir. Le mouvement d'oscillation du levier produit par la rotation de l'excentrique donne lieu à un mouvement alternatif vertical de la tige, et le tiroir fonctionne comme nous l'avons montré plus haut.

La figure 59 représente la machine à vapeur à balancier, telle qu'elle est sortie des mains de

Fig. 59. — Machine à balancier de Watt.

*v*, tuyau de prise de vapeur ; T tiroir ; J cylindre ; H condenseur ; PE pompe d'épuisement ; WY pompe alimentaire de la chaudiè
UX pompe d'alimentation de la bâche It; *p* Z régulateur ; *dd* excentrique ; ABCD parallélogramme ; GM bielle et manivelle ; V vola

Watt, avec tous les perfectionnements que cet illustre mécanicien y a successivement apportés ;
elle permettra au lecteur de saisir l'ensemble des
divers mécanismes que nous avons dù décrire en
détail et séparément, la distribution comme la transmission. Elle va nous montrer en même temps comment fonctionnent les diverses pompes dont il a été
question dans notre description de la machine.
H est le condenseur qui baigne dans une bâche d'eau
froide RR, et qui reçoit l'eau de cette bâche par
un tuyau *t*. Comme la condensation de la vapeur
ne peut se faire sans que celle-ci cède à l'eau la
chaleur qui la maintient à l'état gazéiforme, l'eau
du condenseur s'échauffe constamment, et il importe de la remplacer, constamment aussi, par de
nouvelle eau froide. De là, la nécessité d'une pompe
d'épuisement E, qui est mue par la tige EA reliée
au balancier ; cette pompe refoule l'eau extraite
et chaude dans une capacité R′, et c'est là qu'agit
à son tour la pompe alimentaire W, pour puiser
l'eau et la refouler dans la chaudière. Y est la tige
de cette pompe qui reçoit son mouvement du balancier.

Enfin on voit, en XX, la tige de la pompe U qui
sert à alimenter d'eau froide la bâche RR. Cette
pompe, ordinairement plus puissante que les deux
autres, va chercher l'eau d'alimentation à une
source voisine, source, puits ou rivière.

Cette complication d'organes, d'appareils accessoires, qui, du reste, empruntent tous leur mouvement de la machine à vapeur, n'existe que dans
les machines à condensation, c'est-à-dire à basse
ou à moyenne pression. Dans les machines à haute
pression, fixes ou mobiles, le condenseur, les
pompes d'épuisement et tous les mécanismes qui
s'y rapportent sont supprimés. Il n'y a plus que la
pompe d'alimentation. Mais nous avons pris pour
modèle, précisément la machine à vapeur la plus
compliquée, afin de ne rien oublier d'essentiel pour
l'explication des mécanismes employés dans les
différents types.

### MACHINES A VAPEUR A TRANSMISSION DIRECTE.

Machine à cylindre vertical, à haute pression, avec détente et sans condensation. — Machine à vapeur à cylindre horizontal. — Machines à fourreau, principalement utilisées dans la marine à vapeur. — Machine
oscillante de Carré. — Machines à vapeur rotatives.

La transmission du mouvement dans les machines à balancier se fait indirectement, puisque
le mouvement du piston devient circulaire alternatif avant de devenir continu.

On a imaginé plusieurs moyens de transmettre
directement le mouvement du piston à l'arbre de
couche. De là les machines *verticales, horizontales,*

*oscillantes.* Je vais donner un modèle de chacun de ces genres de machine.

La machine à cylindre vertical, que représentent

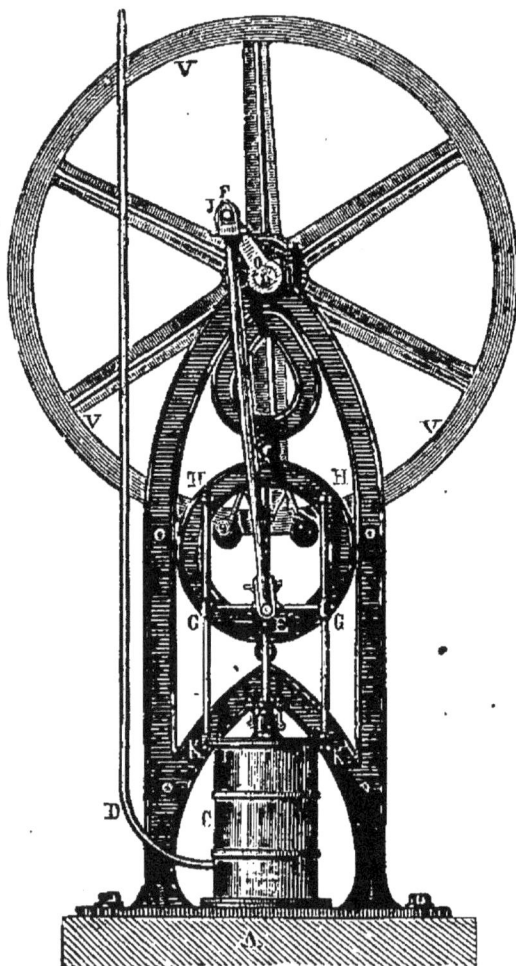

Fig. 60. — Machine à vapeur verticale.

Tuyau de prise de vapeur; C cylindre; BZ tiroir et boîte à vapeur; GKH glissière; EJFO bielle, manivelle et arbre moteur, VV volant; PO pompe alimentaire; D tuyau d'échappement.

sous ses deux faces les figures 60 et 61, est une machine à haute pression, dans laquelle la vapeur

agit avec détente, mais sans condensation. La légende montre quels sont les divers organes, cy-

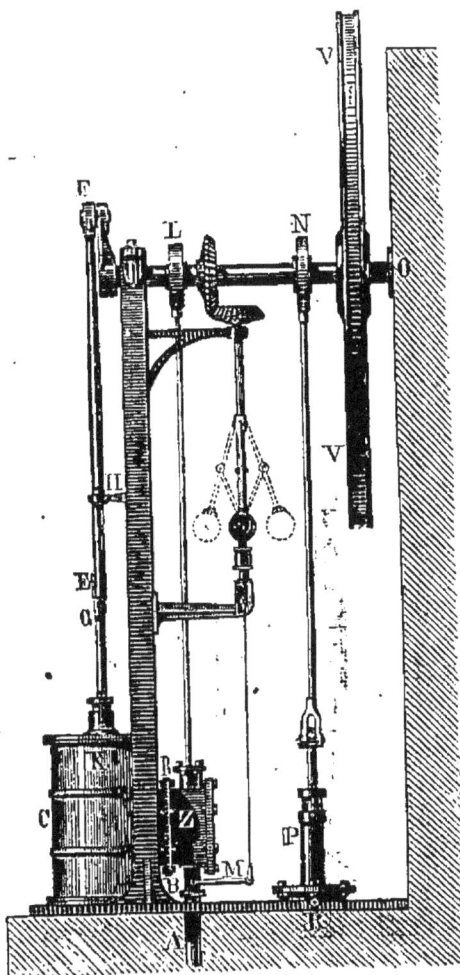

Fig. 61. — Machine à vapeur verticale.

A tuyau de prise de vapeur ; C cylindre ; BZ tiroir et boîte à vapeur ; CKH glissière ; EJFO bielle et manivelle et arbre moteur ; VV volant ; pompe alimentaire ;
D tuyau d'échappement.

lindre, tiroir, volant, régulateur ou pendule conique, etc. Le seul point sur lequel je dois attirer

Fig. 62. — Machine à vapeur à cylindre horizontal et à transmission directe.

l'attention est le mode de transmission du mouvement.

La tige du piston est directement articulée à la bielle EF, qui agit sur la manivelle de l'arbre moteur. Cette tige est guidée dans son mouvement par une glissière, pièce horizontale mobile GG, qui se meut le long de deux montants verticaux fixés en K et H, c'est-à-dire, d'une part au cylindre, de l'autre au bâti en fonte de la machine.

C'est, à la vérité, un mode de transmission tout semblable, que celui de la machine *à cylindre horizontal* représentée par la figure 62. Nous en avons dit assez pour faire comprendre, sans description spéciale, la disposition des organes de cette machine.

Dans les locomotives, nous verrons employer tantôt les cylindres horizontaux, tantôt les cylindres inclinés; les raisons pour lesquelles on préfère telle ou telle de ces dispositions qui n'ont rien d'essentiel, sont en rapport soit avec la construction et l'agencement général des organes de la machine, soit, pour les machines fixes, avec des questions d'emplacement en surface, en hauteur, etc. En somme, cela ne change rien au mode de transmission en lui-même, qui, dans les machines que nous venons de décrire, consiste dans l'articulation directe de la tige du piston avec la bielle de l'arbre moteur.

Il n'en est plus de même dans les *machines à four-reau*, où la tige du piston est elle-même supprimée et où la bielle est directement articulée au piston lui-même. Le mouvement oscillant de cette bielle se fait dans un manchon ou fourreau cylindrique traversant le cylindre et que le piston enveloppe complétement. Cette disposition diminue la surface du piston frappée par la vapeur ; il faut donc com-

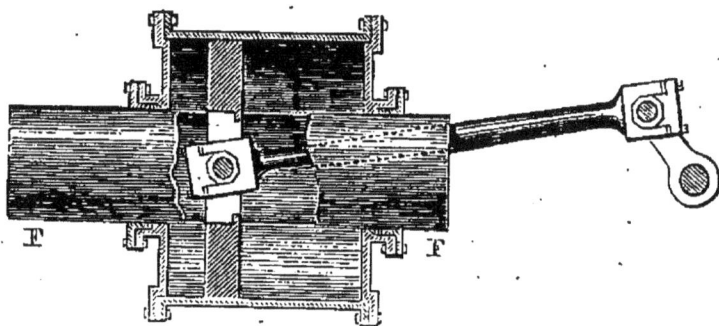

Fig. 65. — Cylindre, manchon et bielle de la machine à fourreau de Penn.

penser cette diminution par un accroissement du diamètre du cylindre.

L'inconvénient de ce mécanisme très-simple est aisé à comprendre : d'une part, la vapeur se re-froidit plus promptement, puisque la surface re-froidissante y est plus considérable; d'autre part, les fuites s'y produisent plus facilement soit au-tour du manchon, soit par les rainures qui per-mettent le mouvement du piston.

Il est principalement adopté dans les machines marines anglaises.

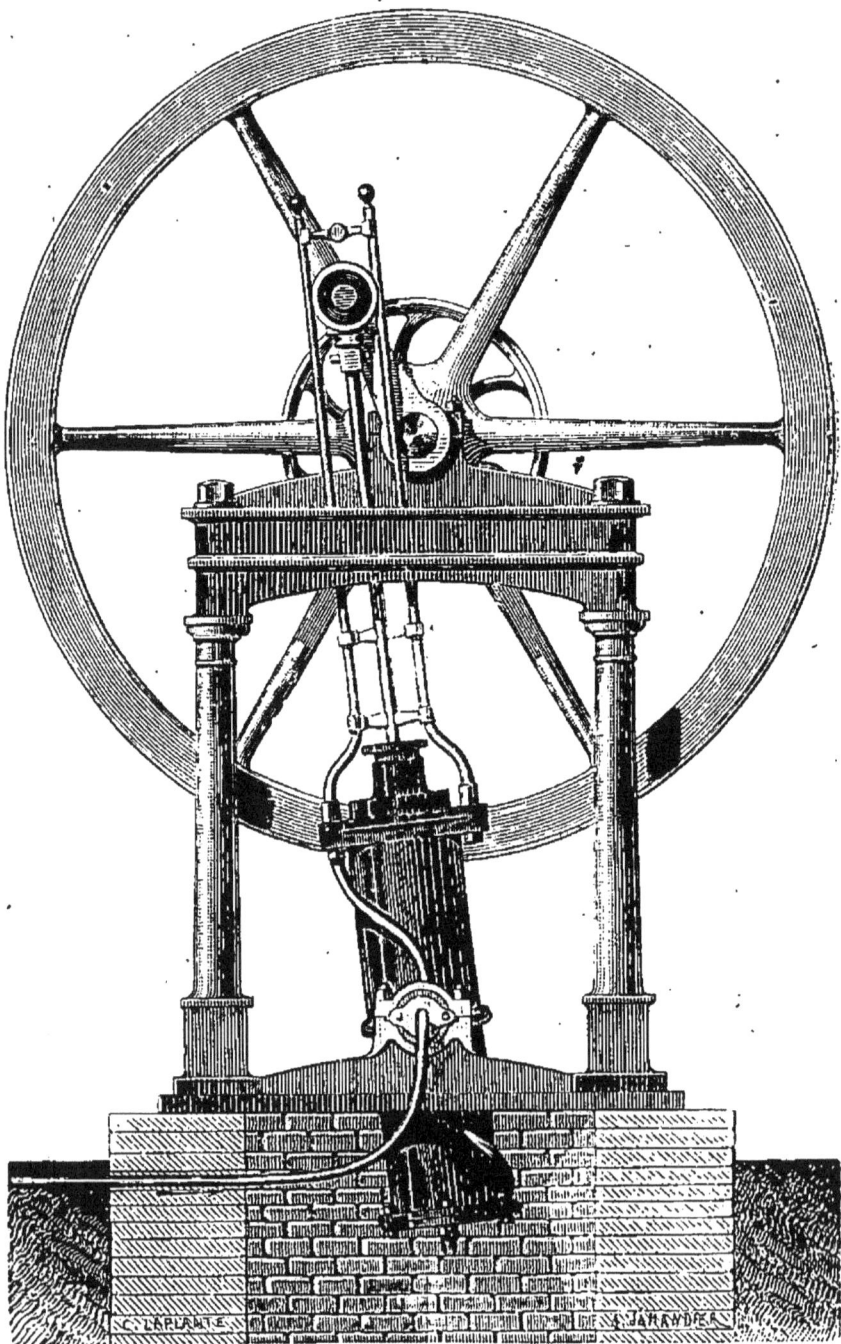

Fig. 64. — Machine à vapeur à cylindre oscillant.

Un fabricant français, M. Carré, avait imaginé les machines à *cylindre oscillant*, où la transmission se fait sans bielle, la tige du piston étant elle-même articulée directement à la manivelle de l'arbre moteur.

Le cylindre des machines oscillantes est porté par des tourillons comme une pièce d'artillerie sur son affût. Seulement les tourillons y sont creux et servent, l'une de lumière d'admission pour la vapeur, l'autre d'échappement. D'ailleurs, la distribution y est réglée par un tiroir comme dans les machines ordinaires. On distingue les machines oscillantes en horizontales et en verticales, suivant la direction moyenne du cylindre dans ses oscillations successives.

Ce genre de machines est aujourd'hui à peu près abandonné par l'industrie, sauf dans la navigation, où l'on rencontre souvent encore les machines à deux cylindres oscillants, sur les petits bateaux à vapeur. En tout cas, ce mode de transmission du mouvement est assez original pour que j'aie dû le signaler à mes lecteurs.

Il nous reste encore, avant d'étudier les machines à vapeur au point de vue des types, à parler d'une espèce de machine qui se distingue de toutes celles que nous avons passées en revue jusqu'ici par le principe même du mécanisme. Je veux parler des *machines à vapeur rotatives*, ainsi nommées parce

que la pièce sur laquelle la vapeur agit directement, celle qui correspond au piston des machines
à cylindre, reçoit un mouvement qui est immédiatement circulaire et continu. Le problème de la
transformation du mouvement n'existe donc pas
dans ces machines.

L'idée de résoudre de cette façon la question des
moteurs à vapeur n'est pas nouvelle. Elle était
venue à Watt dès 1782; mais les inconvénients de
cette disposition n'ont pas permis à la grande industrie de donner suite aux essais tentés dans cette
voie; aujourd'hui même, malgré les perfectionnements apportés à la construction des machines rotatives, ce n'est que dans des cas très-spéciaux que
l'industrie en fait usage.

Nous ne ferons que citer la *machine rotative à
disque*, imaginée par Bishope et construite par Ren-
nie [1]. L'intelligence du mécanisme, très-ingénieux,
mais d'une description difficile à suivre, même à
l'aide d'une figure, nécessiterait de trop longs développements. Disons seulement qu'elle a été adoptée, dans la marine russe, pour des canonnières et
de petits bateaux à vapeur à hélice.

La machine à vapeur rotative de l'Américain
Behrens, que nous avons vue fonctionner à Paris,

---

[1] Voyez à ce sujet le *Dictionnaire des mathématiques appliquées*
de Sonnet.

Fig. 65. — Machine à vapeur rotative de Behrens.

à l'Exposition universelle de 1867, est beaucoup plus simple, au moins pour la description. La figure 65 en donne une vue extérieure. Voici maintenant comment elle fonctionne et quelle est la disposition du mécanisme moteur et de la distribution.

Sur deux arbres parallèles CC′, sont montées deux pièces en forme de portions de couronnes, l'une et l'autre concentriques à l'arbre correspondant, et fixées par l'une de leurs extrémités à un épaulement de ce dernier. Ces pièces jouent le rôle du piston des machines ordinaires. Leurs faces extérieures et convexes s'emboîtent dans un double cylindre AA parfaitement alésé, et leurs faces inférieures et concaves se meuvent autour de deux douilles fixes cc′ concentriques à l'arbre. La forme des différentes pièces est calculée de telle sorte que chacun des pistons, dans son mouvement, vient s'engager dans une entaille concentrique à son arbre de rotation, pratiquée dans la douille fixe de l'autre piston. Il résulte de cette disposition que jamais la vapeur ne peut passer entre l'un des pistons et la douille de l'autre.

Voyons maintenant comment agit la vapeur.

Elle arrive par le tuyau d'admission B de la chaudière, pénètre dans l'espace compris entre les deux pistons et la douille c. Elle pousse, en s'appuyant sur la face convexe de E′, la face concave du

piston E, fait tourner ce piston et son arbre dans
le sens marqué par la flèche. Comme les deux
arbres portent extérieurement des engrenages destinés à les faire tourner en sens inverse et avec la
même vitesse, l'arbre C' et son piston se meuvent en
sens contraire du premier.

Les dessins 2, 5 de la figure 66 montrent la
disposition des pièces après un quart, puis après
une moitié de révolution. A ce moment, le piston E vient masquer l'ouverture B; la vapeur ne
peut plus agir sur ce piston, mais elle commence
à agir sur l'autre. Avant que commence le troisième quart de la rotation (phase 4), l'ouverture de la lumière d'échappement D est démas-
quée, la vapeur de l'espace *a* s'échappe, le piston
E continue à être entraîné dans son mouvement
par l'autre arbre et par sa vitesse acquise, et ainsi
de suite. La vapeur agit donc sur chaque piston
pendant un peu plus de la moitié d'un tour, et alternativement chacun des arbres reçoit son mouvement de la vapeur même et de l'autre arbre avec
lequel il engrène. L'un des deux arbres est l'arbre
moteur de la machine; on le munit d'un volant.
La machine rotative de Behrens est, comme on voit,
une machine à vapeur sans détente et sans condensation. Mais il est possible, à l'aide d'une valve convenablement disposée, de la faire fonctionner avec
détente.

Une des applications originales de cette machine
consiste à l'employer comme moteur d'une pompe

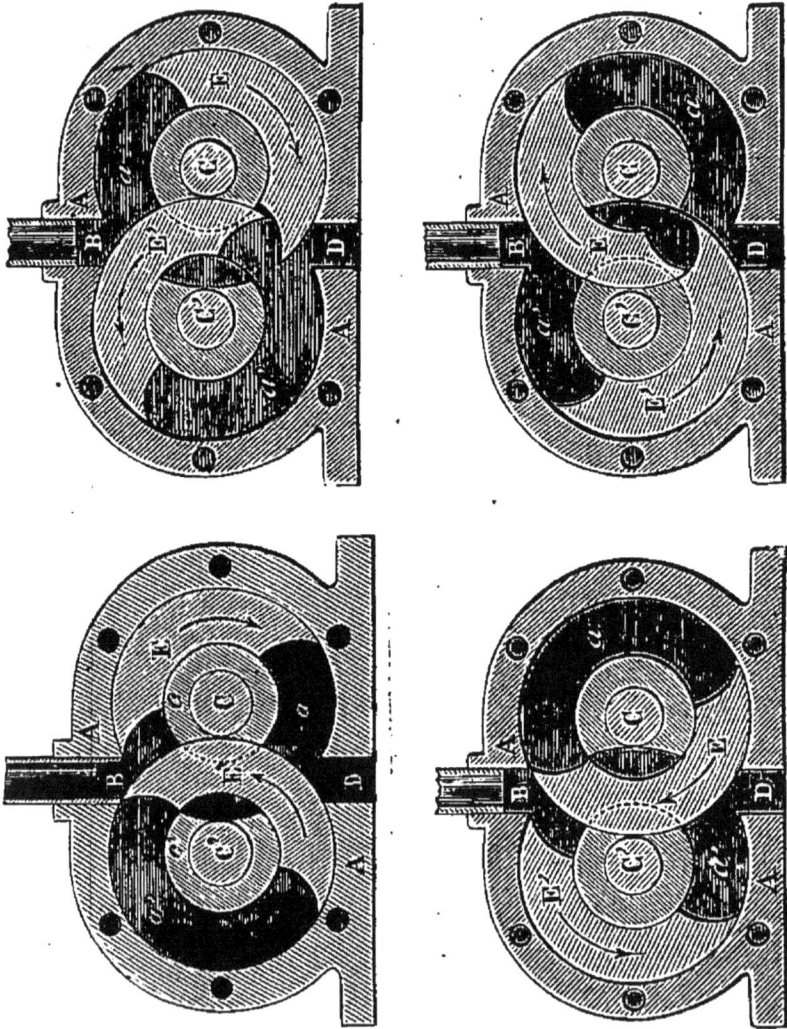

Fig. 66. — Phases diverses d'un mouvement complet de rotation.

construite sur le même principe et fonctionnant de
la même manière. Aux États-Unis, elle sert dans les
brasseries et les raffineries, comme pompe élévatoire
des liquides, eau, bière, sirops, etc. L'usage en est

peu répandu en Europe, mais il paraît constant
que cette machine a une véritable valeur industrielle.

RÉSUMÉ

En quoi consiste la machine à vapeur : révision de ses principaux organes.
— Machines à basse pression, à moyenne et à haute pression. — Ce que
c'est qu'un cheval-vapeur : comparaison du travail journalier d'un cheval-vapeur et d'un cheval vivant de moyenne force. — Puissance de la
chaudière ; rapport de cette puissance avec la surface de chauffe, et la
consommation de houille.

Telle est la machine à vapeur moderne, dans son
ensemble et dans les détails principaux de son or-
ganisme.

En résumant en quelques lignes la description
qui a été l'objet des trois ou quatre chapitres pré-
cédents, on voit que la machine à vapeur consiste :

1° En une chaudière ou *générateur à vapeur* qui
transforme en force élastique disponible la puissance contenue dans un combustible, la houille par
exemple. La chaleur est l'agent de cette transformation ; elle passe du foyer aux parois qui
constituent la *surface de chauffe* de la chaudière,
et, se communiquant de la fonte à l'eau, elle en
élève la température, en provoque et maintient
l'ébullition, fournissant d'une façon continue au
réservoir de vapeur la masse gazeuse et élastique,
à une pression en rapport avec le travail à pro-

duire. Foyer, grille, cendrier, carneaux et cheminées, bouilleurs et corps de la chaudière, soupapes
et avertisseurs de sûreté, manomètres, indicateurs
de niveau et de pression, tel est le *générateur* de la
machine, avec ses accessoires;

2° La vapeur produite, la machine proprement
dite se compose d'organes du mouvement, du récepteur de la force et des appareils de distribution
ayant pour objet la production d'un mouvement
alternatif rectiligne. Le cylindre, la boîte à vapeur,
le tiroir, le condenseur, sont les principaux organes de cette partie de la machine. C'est le *mécanisme moteur.*

Enfin, 3° le mouvement une fois produit sous
sa forme immédiate, il s'agit de le transformer, de
le rendre apte au travail que l'industrie exige; et
c'est le plus souvent sous forme de mouvement
circulaire continu. Les bielles, manivelles, balan-
ciers, glissières sont les organes ordinairement
employés pour cette partie de la machine à laquelle
nous avons réservé le nom de *mécanisme de transmission.* Le volant et les régulateurs ont un objet
particulier, qui est de maintenir dans les limites
convenables la vitesse de régime ou la puissance
du moteur.

Ces différentes fonctions bien comprises, les appareils qui les remplissent bien clairement conçus,
au moins dans leurs dispositions principales, on

peut, sans craindre de s'égarer, aborder l'examen
des différents types de machines qui ont été imaginés depuis l'origine ou l'invention de la vapeur,
et dont un grand nombre sont aujourd'hui employés dans l'industrie manufacturière, dans les
voies ferrées et la navigation, et enfin dans l'agriculture.

Avant de faire cette revue des types, avant de
montrer la vapeur à l'œuvre dans les services multiples qu'elle rend à la civilisation, il faut encore
qu'on me permette, non une digression, il s'agit
d'une chose essentielle, mais une courte explication de quelques termes et locutions fréquemment
employés quand on parle des machines et qu'on
évalue leur puissance.

Déjà j'ai dit ce qu'on entend par machine à *basse
pression*, à *moyenne* et à *haute pression*. Précisons
encore.

Une machine à basse pression est celle où la vapeur possède une tension qui ne dépasse pas *une
atmosphère et demie*. Une telle machine possède
toujours un condenseur.

Quand la chaudière donne de la vapeur à une
tension comprise entre *trois et cinq atmosphères*, la
machine est une machine à vapeur à moyenne pression. On y adjoint, le plus souvent, un condenseur,
mais cela n'est pas nécessaire.

Enfin, quand la tension de la vapeur dépasse

*cinq atmosphères*, auquel cas la machine fonctionne généralement sans condenseur, on a affaire à une machine à haute pression.

Mais la puissance d'une machine ne dépend pas seulement de la force élastique de la vapeur qui sert à la mouvoir. Ce n'est là qu'un élément; il faut tenir compte, en partant de cet élément, des dimensions du cylindre, du nombre des coups de piston que la machine donne par minute ou par heure, nombre qui dépend lui-même de la quantité de vapeur régulièrement fournie par la chaudière. On arrive ainsi à évaluer le travail de la vapeur sur le piston. Mais, ce travail, pour être transmis à l'arbre de couche et au volant, est en partie absorbé par les frottements et résistances des organes de transmission, de sorte qu'il y a lieu de le réduire d'après les données de l'expérience pour en conclure le travail réel, la puissance effective de la machine.

Ce travail s'évalue en *chevaux-vapeur*. On dit ainsi, d'une machine, qu'elle est une machine de 5, 4, 10, 50, 500 chevaux. .

Avant d'aller plus loin, disons donc clairement ce que signifie cette expression de *cheval-vapeur*.

Un effort exercé s'évalue en kilogrammes, ce qui revient à dire qu'on assimile l'effet d'une force à celui d'un poids, par exemple à l'effet qu'un nombre donné de kilogrammes produit sur un ressort. Mais cela ne suffit point pour mesurer le travail effectué par un moteur quelconque, car ce travail dépend encore du temps ou de la vitesse du mouvement produit. Pour achever de le définir, il faut dire quel chemin le moteur fait parcourir au poids pendant l'unité de temps, pendant une seconde.

C'est ainsi qu'on nomme *kilogrammètre* le travail d'une force capable de transporter un kilogramme à une distance d'un mètre, en une seconde. Telle est l'unité de travail généralement adoptée par les mécaniciens.

Seulement, dans la pratique, et quand il s'agit du travail des machines, on emploie une autre unité, qui est 75 fois aussi grande que la première, qui vaut donc 75 kilogrammètres et à laquelle l'usage applique la dénomination de *cheval-vapeur*.

Voici à quelle occasion cet usage s'est introduit.

Quand Watt eut apporté aux premières machines à vapeur les perfectionnements qui les firent adopter dans les mines et dans l'industrie anglaise, les fabricants de ces machines se virent dans l'obligation de garantir à ceux qui leur faisaient des commandes la puissance des nouveaux engins. Dans les mines, on employait généralement des chevaux qui faisaient tourner des manéges. Le travail journalier et moyen de ces animaux fut pris pour terme de comparaison, et l'estimation, faite expérimentalement par Watt de ce travail, ou *horse-power*,

servit à évaluer la puissance des machines livrées.
On s'arrêta à un chiffre qui, traduit en mesures
métriques, correspondait à 74 ou 76 kilogrammes
transportés à 1 mètre. La moyenne, 75 kilogrammètres, a été définitivement adoptée en France, et
est, aujourd'hui, universellement adoptée. Mais
qu'on ne s'y trompe point. Le travail de la vapeur
est supposé continu, et les machines travaillent des
jours et des nuits sans se reposer. Une machine de
la puissance d'un cheval fait donc, en un jour,
c'est-à-dire en 86,400 secondes, un travail équivalant à 86,400×75 ou à 6,480,000 kilogrammètres.
Un cheval vivant et réél, au contraire, est dans la
nécessité de se reposer; en le faisant travailler
8 heures par jour, il ne développerait qu'un travail
trois fois inférieur à celui de la même machine.

En réalité, c'est encore là une évaluation trop
forte. Les chiffres de Watt, si l'on juge par les expériences faites depuis, s'appliquaient à des chevaux
dont la vigueur dépassait la moyenne, et qui probablement étaient surmenés. Il résulte, des expériences auxquelles nous venons de faire allusion,
qu'un cheval de force ordinaire, attelé à un manége,
allant au pas, développe une force égale à 40 kilogrammètres et demi, ce qui, pour une journée de
8 heures, donne 1,166,400 kilogrammètres.

On voit donc, par la comparaison des deux
chiffres relatifs au travail de la machine et à celle

de l'animal, qu'en réalité, pour remplacer une machine dont la puissance est d'un *cheval-vapeur*, il faudrait employer à faire tourner, sans discontinuité, un manége donnant le même travail, un peu plus de *cinq chevaux et demi*.

Au fait, le choix de l'unité importe peu : l'essentiel est de se rappeler la définition et l'équivalence du cheval-vapeur.

Autre chose est d'évaluer la puissance effective d'une machine construite, autre chose aussi est de calculer et de combiner les dimensions relatives d'une chaudière, celle du cylindre, de la détente, etc... quand on se propose de construire une machine dont la puissance est donnée d'avance. C'est là un problème très-complexe, que tous les jours ont à résoudre les ingénieurs mécaniciens, et dont le lecteur trouvera la solution dans les ouvrages spéciaux de mécanique pratique. Cette solution ne serait point ici à sa place. Mais peut-être ne sera-t-on pas fâché d'en connaître au moins les principaux éléments. Essayons donc.

Parlons d'abord de la chaudière.

Ce qui constitue sa puissance, c'est la quantité ou le poids de vapeur qu'elle est capable de produire en une heure, quand elle est en plein fonctionnement. Or, c'est surtout de la surface de chauffe que dépend cette quantité, de sorte que, toutes choses égales d'ailleurs, c'est le générateur qui offre au foyer et au gaz de la combustion la plus grande étendue de surface de chauffe qui est le plus puissant.

Quant à la consommation du charbon, elle est évidemment en rapport avec la surface de chauffe ; mais elle varie d'une machine à l'autre, selon le type de la machine, suivant qu'elle est à haute, à basse ou à moyenne pression, suivant enfin qu'elle fonctionne avec ou sans condenseur, avec ou sans détente. Voici à ce sujet quelques données de l'expérience.

La pratique a fait reconnaître qu'il faut compter, pour chaque cheval-vapeur, une surface de chauffe variant entre 1 mètre carré et 1 mètre carré et demi. Une machine à vapeur de la force de 10 chevaux doit donc avoir un générateur ayant entre 10 et 15 mètres carrés de surface de chauffe. La quantité de vapeur produite par heure est alors en moyenne de 20 kilogrammes par cheval, de sorte que la chaudière d'une machine de 10 chevaux doit pouvoir vaporiser par heure 200 kilogrammes, soit environ 200 litres d'eau.

Quant à la consommation de la houille par heure et par cheval, elle varie, avons-nous dit, avec les machines. Les machines de Watt, à basse pression, consomment de 5 à 6 kil. de houille ; celles de Woolff, 3 kilogrammes ; les machines à haute pression, à détente et sans condenseur, consomment de 4 à 5 kilogrammes par force de cheval et par heure. Ce sont les moins économiques, mais elles rachètent ce défaut par des avantages que nous aurons occasion de signaler plus loin.

Un mot maintenant sur la puissance d'une machine dans son rapport avec les dimensions du cylindre et avec la vitesse du piston, ou, ce qui revient au même, avec le nombre des coups de piston par minute ou par heure.

La pression de la vapeur étant connue par la lecture du manomètre, comment calculera-t-on le travail qu'effectue le piston pendant sa course dans le cylindre ? Prenons un exemple qui fera comprendre à la fois la question et la réponse qu'on doit y faire.

Supposons une pression de 4 atmosphères dans une machine à condensation, ou de 5 atmosphères dans une machine dépourvue de condenseur. L'effort exercé par la vapeur sur le piston sera le même en réalité dans les deux cas, puisque, dans le second, la pression atmosphérique s'exerce sur la face du piston opposée à celle où s'exerce la force élastique du fluide. C'est donc sur chaque centimètre carré de la surface, 1.033 kilog. multiplié par 4, qui mesurera l'effort de la vapeur.

Autant la surface du piston contient de centimètres carrés, autant il faudra répéter de fois ce résultat.

Mais ceci ne donne pas le travail mécanique, qui sera d'autant plus grand que la longueur du cylindre ou la course du piston sera plus grande. Pour avoir ce travail en kilogrammètres, il faut encore multiplier le résultat précédent par cette longueur, de sorte qu'on peut donner la règle suivante :

Multipliez la surface du piston par sa course exprimée en mètres, par la pression effective de la vapeur et par 1.033, et vous aurez le nombre de kilogrammètres qui mesure le travail effectué par le piston dans sa course. Mais la surface, multipliée par la longueur du cylindre, c'est le volume de ce dernier.

Ainsi, le travail est proportionnel et à la pression de la vapeur et au volume du cylindre. Supposons, dans le cas que nous prenons pour exemple, le diamètre du cylindre égal à 40 centimètres, sa longueur égale à 60 centimètres, le travail d'une course du piston sera :

$$\pi . \overline{20}^2 \times 40 \times 1.033 \times 4 \text{ ou } 207^{kg},7.$$

Un coup de piston se composant de deux courses, ce sera 415 kilogrammètres pour chaque coup.

Ceci ne donne le travail de la machine que pour un va-et-vient du piston, de sorte qu'il faut connaître encore le nombre de ces mouvements par minute ou par heure, pour évaluer définitivement en chevaux-vapeur la puissance de la machine.

Cette vitesse du piston est très-variable. Mais elle ne dépasse guère 60 coups par minute, soit un coup par seconde. S'il s'agissait de cette vitesse maximum, la puissance de la machine serait précisément 415 kilogrammètres par seconde, ou 5.53 un peu plus de 5 chevaux et demi. Supposons 44 coups de piston par minute, cela fera en tout 18,278 kilogrammètres, c'est-à-dire 304 kilogrammètres par seconde, ou presque exactement une puissance de 4 chevaux-vapeur.

Ces détails, dont on me pardonnera l'aridité, feront saisir nettement, je l'espère, la signification des termes qui reviennent si souvent dans le langage industriel, quand on évalue la puissance des machines, et feront comprendre aussi quels éléments entrent dans les combinaisons et les calculs de l'ingénieur mécanicien, quand il fait le plan d'une machine à vapeur. J'ai pris ici les choses, bien entendu, dans leur simplicité, car c'est l'esprit de la méthode, non la méthode même dans sa rigueur que j'avais en vue.

Nous allons maintenant voir les machines à vapeur installées et en fonction. Nous les verrons à l'œuvre dans les diverses industries qui les emploient, ce qui nous permettra d'étudier, sous un autre aspect, les genres, espèces et variétés de ces puissants engins. Mais alors l'occasion sera excellente pour montrer quels rapides progrès a faits leur construction depuis l'époque où le génie de Papin a indiqué la véritable voie à suivre pour utiliser industriellement la puissance de la vapeur, et surtout depuis l'époque où le génie de Watt a universalisé cette merveilleuse invention.

Trois phases principales distinguent cette période mémorable : la première est relative à l'application de la vapeur à l'industrie minière ou manufacturière ; la seconde commence à la naissance de la navigation à vapeur, fluviale et maritime ; la troisième a pour point de départ la circulation de la première voiture à vapeur sur les voies ferrées. Si l'on en juge par les récents essais de ces vingt dernières années, l'application de la vapeur à l'agriculture constituera une phase nouvelle, non moins intéressante et non moins féconde que les trois autres.

# V

## APERÇU HISTORIQUE SUR LA MACHINE A VAPEUR

### MACHINE A VAPEUR DE SAVERY

Machine de Savery, pour l'élévation des eaux. — Description de la machine à vapeur atmosphérique de Newcomen. — Condensation par injection d'eau froide. — Le jeune Henri Potter. —Emploi des machines atmosphériques pour l'épuisement des mines.

Les premières machines à vapeur réellement appliquées dans l'industrie furent celles de Savery (1696-1698). Le principe en avait été donné par Papin, puisque, comme le dit Arago : « Papin est le premier qui ait songé à combiner, dans une même machine à feu, l'action de la force élastique de la vapeur, avec la propriété dont cette vapeur jouit et qu'il a signalée, de se condenser par refroidissement. » Le dessin de la machine élévatoire de Savery, que reproduit la figure 67 dans ses dis-

positions essentielles, montre que cet ingénieur produisait la vapeur dans un vase séparé, B (c'est la
chaudière). Le fluide remplissait d'abord le vase S

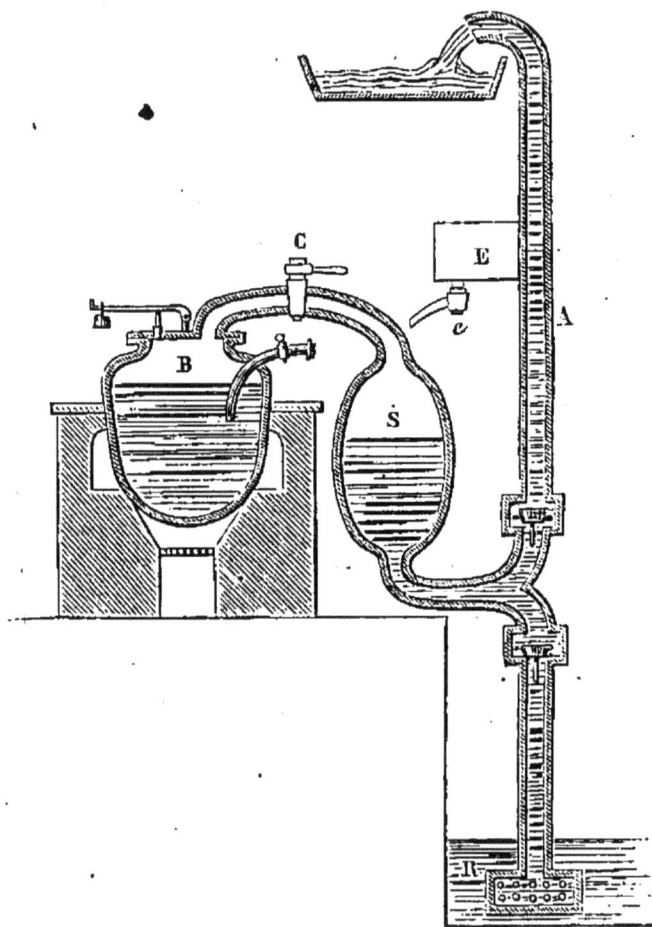

Fig. 67. — Machine à vapeur de Savery (1696).

et le tuyau A, dont il chassait l'air. Fermant alors
le robinet C, et ouvrant le robinet *e* d'un réservoir
plein d'eau froide, il produisait la condensation de
la vapeur du vase S, le vide se faisait, et l'eau du

réservoir R montait et remplissait en partie le vase
et le tuyau. Un jet de vapeur, venant alors de la
chaudière et pressant sur la surface du liquide, le
forçait à s'élever à une hauteur qui dépendait de la
pression. Puis survenait une condensation nouvelle, une nouvelle action de la vapeur, et ainsi indéfiniment.

« Pour élever l'eau à la petite hauteur de
65 mètres (200 pieds), par exemple, Savery était
forcé, dit Arago, de porter la vapeur de sa chaudière à six atmosphères; de là des dérangements
continuels dans les joints; de là aussi la fonte des
mastics et même de dangereuses explosions. Aussi,
malgré le titre de son ouvrage (*l'Ami du mineur*,
*Miner's Friend*), les machines de cet ingénieur ne
servirent point utilement dans les mines. Elles ne
furent employées que pour distribuer l'eau dans
les diverses parties des palais ou des maisons de
plaisance, dans des parcs ou dans des jardins, partout, en un mot, où la différence de niveau à fran-
chir ne surpassait pas une quarantaine de pieds. »

La machine de Savery, comme on voit, utilisait
la force élastique de la vapeur pour refouler l'eau
directement, et la condensation de cette vapeur
pour produire le vide et l'ascension de l'eau sous
l'action de la pression atmosphérique. C'était une
sorte de pompe aspirante et foulante où l'action de
la vapeur jouait le rôle de la force musculaire ap-

pliquée au jeu du piston dans le cylindre de ces appareils hydrauliques. Elle n'est point comparable à la machine à vapeur moderne, telle que nous la connaissons.

Quatorze ou quinze années après la première tentative de Papin, l'ingénieur anglais Savery s'associa à deux de ses compatriotes, Thomas Newcomen et John Cawley, tous deux vivant dans la ville de Darmouth en Devonshire, où ils exerçaient, le premier, la profession de forgeron ou de quincaillier, le second l'état de vitrier. De cette association naquit la machine à vapeur connue sous le nom de machine de Newcomen ou de *machine atmosphérique*.

Disons rapidement quel est, dans cette machine, le mode d'action de la vapeur.

La chaudière fournit de la vapeur à une pression un peu supérieure à la pression atmosphérique. Au moment de la mise en train, le piston étant à la partie supérieure du cylindre, la vapeur remplit ce dernier, en chasse l'air par un orifice V auquel on donne le nom de *reniflard*. Alors, on ouvre le robinet du tuyau LO, et de l'eau froide, injectée dans le cylindre, y condense la vapeur[1]; le robinet fermé, la pression extérieure agit sur le piston et le fait descendre au bas du cylindre.

---

[1] Dans la figure, le dessinateur devait terminer au fond intérieur du cylindre l'orifice du tuyau qui projette l'eau de condensation. Tel qu'il est représenté, il gênerait le jeu du piston.

A ce moment, un tiroir débouche la communication du cylindre avec la chaudière, de sorte que
la vapeur, en dessous, et la pression atmosphé-

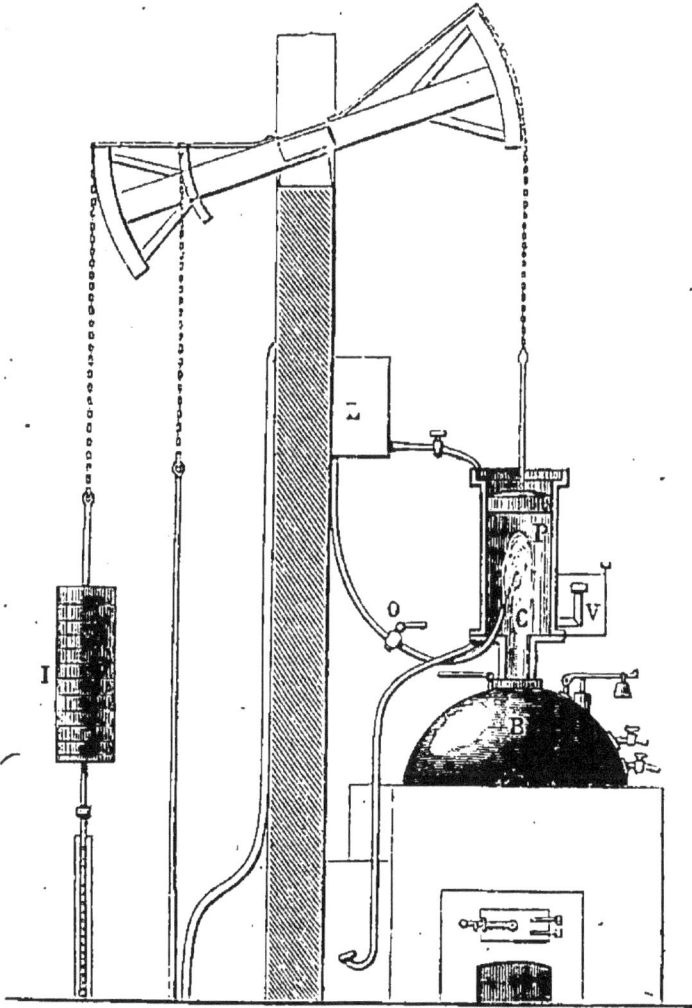

Fig. 68. — Machine à vapeur atmosphérique de Newcomen (1705).

rique au-dessus du piston, se font équilibre. Le
piston resterait donc dans cette situation, si un contre-poids I, lié au balancier de la machine, ne le

forçait à remonter à la partie supérieure du cylindre. Une nouvelle condensation le fait redescendre, et ainsi de suite : le mouvement de va-et-vient est produit.

On voit maintenant la raison de la dénomination de machine *atmosphérique* donnée à la machine de Newcomen : c'est la pression de l'air extérieur qui est le moteur ; la vapeur n'intervient que pour lui faire équilibre pendant l'ascension du piston. Pendant la descente, la condensation de la vapeur produit le vide, et c'est encore la pression de l'air qui fait descendre le piston.

C'est la machine de Papin, mais modifiée, améliorée, au point d'être devenue pratique. Comme dans la première machine de Savery, la chaudière est séparée du récepteur ou du cylindre ; c'est là un perfectionnement sur la machine de Papin ; l'introduction du cylindre est un autre progrès sur la machine de Savery. La condensation, au lieu d'être produite par le refroidissement qui suivait l'éloignement du foyer, l'est par injection d'eau froide dans la capacité du cylindre. Dans les premiers essais, la condensation se faisait extérieurement par injection d'eau froide sur les parois du cylindre, et c'est un heureux hasard qui mit les trois associés sur la voie de l'amélioration nouvelle. Voici comment la chose arriva ; nous citons encore Arago :

« Au commencement du dix-huitième siècle,

l'art de construire de grands corps de pompe parfaitement cylindriques, l'art d'ajuster dans leur
intérieur des pistons mobiles qui les fermassent
hermétiquement, étaient très-peu avancés. Aussi
dans la machine de 1705, pour empêcher la vapeur
de s'échapper par les interstices compris entre la
surface du cylindre et les bords du piston, ce piston
était-il constamment couvert à sa surface supérieure
d'une couche d'eau qui pénétrait dans tous les vides
et les remplissait [1]. Un jour qu'une machine de cette
espèce marchait sous les yeux des constructeurs,
ils virent, avec une extrême surprise, le piston descendre plusieurs fois de suite, beaucoup plus rapidement que de coutume. Cette vitesse leur parut
d'autant plus étrange, que le refroidissement produit
par le courant d'eau froide qui descendait extérieurement le long de la surface du corps de pompe
n'avait amené jusque-là la condensation de la vapeur intérieure qu'assez lentement. Après vérifi-
cation, il fut constaté que, ce jour-là, c'était d'une
tout autre manière que le phénomène s'opérait : le
piston se trouvant accidentellement percé d'un petit trou, l'eau froide qui le recouvrait tombait *dans
l'intérieur même du cylindre, par gouttelettes, à travers la vapeur*, la refroidissait et dès lors la conden-
sait plus rapidement. »

[1] La figure 68 montre la disposition qui amène l'eau à la surface
supérieure du piston.

Ce n'est pas la seule fois que le hasard a été le collaborateur des inventeurs, dans le domaine des sciences appliquées, ce qui, par parenthèse, ne diminue point le mérite de l'invention. Il ne suffit pas d'être témoin d'un fait ; il faut encore savoir l'observer, c'est-à-dire en tirer les conséquences convenables. Citons encore, d'après Arago, un exemple de cette collaboration, où le hasard d'ailleurs n'a plus qu'une part assez faible, car il n'a guère été que l'excitateur de la découverte.

« La première machine de Newcomen exigeait l'attention la plus soutenue de la part de la personne qui fermait ou ouvrait sans cesse certains robinets soit pour introduire la vapeur aqueuse dans le cylindre, soit pour y jeter la pluie froide destinée à le condenser. Il arrive, dans un certain moment, que cette personne est le jeune Henri Potter. Les camarades de cet enfant, alors en récréation, font entendre des cris de joie qui le mettent au supplice. Il brûle d'aller les rejoindre, mais le travail qu'on lui a confié ne permettrait pas même une demi-minute d'absence. Sa tête s'exalte ; la passion lui donne du génie ; il découvre des relations dont jusque-là il ne s'était pas douté. Des deux robinets, l'un doit être ouvert au moment où le balancier que Newcomen introduisit le premier et si utilement dans ses machines, a terminé l'oscillation descendante, et il faut le fermer, tout juste, à la fin de l'oscillation

opposée. La manœuvre du second est précisément
le contraire. Ainsi les positions du balancier et celles
des robinets sont dans une dépendance nécessaire.
Potter s'empare de cette remarque. Il reconnaît que
le balancier peut servir à imprimer aux autres pièces tous les mouvements que le jeu de la machine
exige et réalise à l'instant sa conception. Les extrémités de plusieurs cordons vont s'attacher aux manivelles des robinets ; les extrémités opposées, Potter les lie à des points convenablement choisis sur
le balancier ; les tractions que celui-ci engendre sur
certains cordons en montant, les tractions qu'il
produit sur les autres en descendant, remplacent les efforts de la main ; pour la première
fois, la machine à vapeur marche d'elle-même ;
pour la première fois, on ne voit auprès d'elle
d'autre ouvrier que le chauffeur, qui de temps en
temps va raviver et entretenir le feu sous la chaudière. »

Les machines atmosphériques étaient surtout employées comme machines d'épuisement de l'eau des
mines. Elles ont été également appliquées à la distribution des eaux dans la ville de Londres. Malgré
les immenses perfectionnements apportés pendant
un siècle et demi aux moteurs qui ont la vapeur
pour agent, il paraît que les machines de Newcomen
étaient encore il y a quelques temps et sont peut-

être aujourd'hui encore employées dans les lieux où la houille coûte peu de chose [1].

La machine à vapeur, sauf quelques perfectionnements de détail, resta ce que l'avaient faite Newcomen, Savery et Cawley, jusqu'en 1769. Soixante-quatre ans s'écoulèrent donc ainsi, infructueusement pour ainsi dire, jusqu'à ce que le génie de Watt, secondé par les progrès rapides des sciences physiques dans ce demi-siècle, en fit le puissant moteur, l'incomparable engin dont nous avons donné la description en choisissant précisément pour type la machine à balancier qui porte encore aujourd'hui le nom de Watt.

### WATT ET LA MACHINE A VAPEUR

Invention de la machine à double effet. — Transformation de la machine à épuisement en moteur universel. — Le condenseur. — Le régulateur à force centrifuge. — Immense économie de combustible, résultant de l'invention du condenseur. — Emploi de la détente.

J'ai signalé à peu près complètement, au fur et à mesure de cette description, les inventions du grand ingénieur et mécanicien anglais. Mais il ne m'était pas possible, sans risquer d'allonger outre

---

[1] C'est ce que constatait Arago en 1837, et il ajoutait que dans les lieux dont il s'agit, « on n'a point trouvé de profit à les remplacer. » Les dépenses beaucoup moins fortes de premier établissement et d'entretien compensant en effet, avec le bon marché du combustible, la consommation plus considérable de ce dernier.

mesure et par suite d'obscurcir le récit, d'insister sur l'importance de chacune d'elles. C'est le moment de combler cette lacune : j'y procéderai en suivant l'ordre chronologique, et ainsi peu à peu se complétera l'histoire même de la machine à vapeur.

Et d'abord, on vient de voir que les machines de Newcomen étaient de simples pompes, d'excellents engins à la vérité pour épuiser l'eau des mines, mais non pas de vrais moteurs universels, capables de fournir pour les besoins d'une usine quelconque, un mouvement régulier et constant. La raison en est simple. La pression de l'atmosphère qui agit pour produire le mouvement descendant du piston est la vraie force motrice de ces machines, qui n'ont aucune puissance effective pendant la course ascendante ; c'est tout ce qu'il fallait pour le jeu des pompes qu'elles faisaient mouvoir ; c'eût été un grave inconvénient pour une machine motrice qui ne doit avoir aucune intermittence d'action.

Les machines atmosphériques étaient donc des machines à *simple effet*. Watt les transforma d'abord en machines à *double effet*. Il supprima l'action de l'atmosphère et lui substitua dans les deux phases du mouvement l'action de la vapeur. Le cylindre, ouvert par en haut, fut remplacé par le cylindre fermé à ses deux bouts, divisé par le piston en deux capacités distinctes où la vapeur pénètre alternativement, et où elle est alternativement condensée.

Ainsi fut créée la vraie machine à vapeur, celle où le fluide élastique est le véritable moteur, cause unique du mouvement. Les oscillations du piston communiquent alors au balancier des oscillations d'égale force, d'égale amplitude. En un mot, avec

Fig. 69. -- James Watt, d'après le médaillon de David (d'Angers).

le double effet, la machine à vapeur devint un moteur universel, applicable à toutes les industries.

D'ailleurs, Watt, en universalisant l'emploi de la machine à vapeur, ouvrait par cela même la porte à tous les perfectionnements. Lui-même consacra toutes ses forces, toute son intelligence à cette tâche si ardue à l'origine. Par l'invention du *gouverneur* (c'est le nom anglais, *governor*, du régulateur à force centrifuge) il réduisit encore les inégalités du mouvement. «L'efficacité du régulateur est telle, dit Arago dans sa Notice biographique sur Watt, qu'on voyait, il y a peu d'années, à Manchester, dans la filature de coton d'un mécanicien de grand talent, M. Lee, une pendule mise en action par la machine à vapeur de l'établissement, et qui marchait sans trop de désavantage à côté d'une pendule ordinaire à ressort. Le régulateur de Watt et un emploi bien entendu des volants, voilà le secret, le secret véritable de l'étonnant perfectionnement des produits industriels de notre époque, voilà ce qui donne aujourd'hui à la machine à vapeur une marche totalement exempte de saccades; voilà pourquoi elle peut, avec le même succès, broder des mousselines et forger des ancres; tisser les étoffes les plus délicates et communiquer un mouvement rapide aux pesantes meules d'un moulin à farine. Ceci explique encore comment Watt avait dit, sans craindre le reproche d'exagération, que pour éviter les allées et les venues des domestiques, il se ferait servir, il se ferait apporter les tisanes, en cas de maladie, par des engins dépendant de la machine à vapeur. »

L'invention du condenseur séparé, des pompes qui y sont adjointes, fut d'une importance capitale, principalement au point de vue de l'économie. A égalité d'effet, elle réduisit au quart la dépense de combustible des machines de Newcomen. On peut se rendre compte de la valeur des économies réalisées dès le début dans les pays de mines, où les machines d'épuisement fonctionnaient, et depuis, dans toutes les usines où la vapeur est employée à basse et à moyenne pression, par le fait suivant, que les historiens de la vapeur ont souvent cité. Trois pompes étaient en activité dans la mine de Chace-Water, dont les propriétaires payaient à Watt et à son associé Bolton une redevance pour le droit de se servir du condenseur. Cette redevance avait été fixée au tiers de la valeur de la houille économisée. Or les propriétaires de la mine jugèrent avantageux de racheter ces droits par le payement d'une somme annuelle de 60,000 francs. Ainsi, l'adjonction d'un condenseur de Watt produisait par an, pour chacune des machines, une économie de combustible supérieure à 60,000 francs, plus de 180,000 francs pour les trois machines de la mine en question.

L'emploi de la détente que Watt avait signalé, mais qui n'a été adopté sur une large échelle que depuis l'invention faite par Woolff des machines à deux cylindres, a accru encore l'économie de vapeur, et, par suite, l'économie de combustible, ce *desideratum* poursuivi par tous ceux qui travaillent à perfectionner la machine à vapeur. A l'origine, on ne connaissait que la détente fixe ; aujourd'hui, des mécanismes nouveaux permettent de faire varier la détente.

Pour être juste, il ne faut pas, dans l'histoire des perfectionnements de la machine à vapeur, se borner à citer le nom de Watt. C'est Keane Fitzgerald (1758) qui s'est le premier servi du volant pour régulariser le mouvement de rotation ; l'emploi des bielles et manivelles pour transformer en mouvement de rotation le mouvement rectiligne et oscillatoire de la tige du piston est dû à Washbroug (1778). Enfin, Murray (1801) est l'inventeur du tiroir manœuvré par un excentrique. Du reste, en décrivant les machines à vapeur marines, les locomotives et les locomobiles, je compléterai, autant que possible, cette courte histoire des progrès de la vapeur.

# LES APPLICATIONS

## DE LA MACHINE A VAPEUR

I

### LA NAVIGATION A VAPEUR

Aperçu historique sur l'invention de la navigation à vapeur. — Premiers
essais, depuis Papin jusqu'à Fulton. — Premier service régulier de navigation à vapeur, entre Albany et New-York ; le bateau *le Clermont.*

Cent deux années s'écoulent entre la première
application véritablement industrielle de la machine
à vapeur et l'installation définitive du puissant engin
à bord d'un bateau auquel il sert de moteur, entre
Newcomen et Fulton.

Et cependant, ni l'idée première, ni les tentatives
d'éxécution n'avaient fait défaut.

C'est encore à Papin qu'il faut remonter pour

trouver, nettement formulée, la pensée mère de cette application qui devait, un siècle plus tard, prendre des développements si considérables. Dès 1695[1], il signale la possibilité d'appliquer la force de la vapeur « à ramer contre le vent ; » il fait remarquer « combien cette force serait préférable à celle des galériens pour aller vite en mer ; » il songe à substituer aux rames ordinaires « des rames tournantes ; » il s'ingénie à trouver un mécanisme pour obtenir le mouvement continu de rotation.

Bien plus, il paraît établi qu'en 1707, Papin avait mis à exécution cette pensée, ce projet d'abord simplement indiqué, et fait construire et installer sur un bateau une machine à vapeur destinée à le mouvoir. Il se serait embarqué à Cassel, sur la rivière Fulda, et, arrivé à Münden (Hanovre), il se proposait de continuer sa route par le Weser jusque dans la Grande-Bretagne, quand les bateliers de ce fleuve, ameutés contre le grand homme et contre l'invention qui leur semblait menacer leur industrie, mirent le bateau et la machine en pièces.

En 1737, un Anglais, J. Hull, proposait de remplacer les rames par deux roues à palettes placées à l'arrière du bâtiment, et de faire tourner leur axe commun avec une machine de Newcomen. Ce projet ne reçut pas d'exécution.

---

[1] Recueil imprimé à Cassel, extrait des *Acta eruditorum* de Leipzig.

C'est à Paris, sur la Seine, vis-à-vis le champ de Mars, qu'eut lieu, après celle de Papin, la première expérience de navigation à vapeur. Le bateau avait été construit par le comte d'Auxiron. Un an après, en 1775, un savant qui devint membre de l'Académie des sciences, Périer, fit sans plus de succès des expériences semblables.

De nouveaux essais, de plus en plus heureux, se succédèrent jusqu'à la fin du siècle. En 1778, le marquis de Jouffroy expérimenta un bateau à vapeur à Baume-les-Dames, sur le Doubs, puis, trois ans plus tard, à Lyon, sur la Saône. Dans cette dernière tentative, qui fut l'objet d'un rapport très-favorable, il s'agissait d'un bateau de 46 mètres de longueur sur 4 mètres et demi de largeur ; une machine à vapeur atmosphérique communiquait d'abord le mouvement à deux sortes de volets se fermant et s'ouvrant alternativement, et qui furent ensuite remplacés par deux roues à aubes.

Il faut citer encore, parmi ceux qui ont contribué à réaliser l'invention et l'idée de Papin, Patrick Miller, qui publia à Édimbourg (1787) un ouvrage sur la substitution des roues à palettes aux rames et sur la possibilité d'employer la machine à vapeur à leur donner le mouvement. Miller fit plus tard l'essai d'un bateau double muni d'une roue au milieu, et le fit, dit-on, naviguer sur les lacs de la Suisse, en 1789.

L'abbé Darnal en France (1781), les Américains Rumsay et Fish (1786-88), les Anglais lord Stanhope (1795), Baldwin (1796), Livingstone (1798), Desblancs, Symington, Stevins, Olivier Evans, ont également fait des essais de navigation à vapeur, qui se multiplièrent du reste de plus en plus en Europe

Fig. 70. — Fulton.

et en Amérique jusqu'à l'époque où l'Américain Fulton put enfin obtenir une réussite complète.

Fulton avait, dès 1802 et 1803, étudié en France les conditions pratiques du problème à résoudre, et il avait été secondé dans cette vue par son compatriote Livingstone, alors ambassadeur des États-Unis.

Un bateau, construit sur la Seine, avait donné pour résultat une vitesse de $1^m,60$ par seconde.

Fulton fit au gouvernement de Bonaparte des propositions qui ne furent point accueillies et dont le rejet le décida à retourner en Amérique. Il se fit construire et expédier par Watt et Bolton une machine à vapeur qui, mise en place en août 1807, sur le bateau *le Clermont*, fournit enfin la solution pratique et définitive du problème de la navigation à vapeur.

Le voyage de New-York à Albany, dont la distance est de 60 lieues, fut, dès le début, accompli en 32 heures, puis en 30 heures, et un service régulier ne tarda point à s'établir entre ces deux villes.

La navigation à vapeur était décidément passée de l'état d'ébauche à l'état de fait accompli, de la période des tâtonnements et des essais à celle du succès et du triomphe. Il y a de cela soixante-cinq ans sonnés.

Aujourd'hui, la distance est grande entre le bateau de Fulton et les grands steamers transatlantiques qui voyagent régulièrement du nouveau à l'ancien monde. Les progrès de l'art nouveau sont immenses : mais il ne faut point oublier la part qui revient à chacun des inventeurs qui ont travaillé sans se décourager à cette découverte mémorable, depuis le modeste Papin jusqu'à Fulton.

Il semblera peut-être étrange qu'il ait fallu tant

d'années et de si multiples efforts pour créer la navigation à vapeur, quand le moteur lui-même était
trouvé, quand la machine à vapeur, surtout depuis
Watt, fonctionnait avec une supériorité si incontestable dans les usines.

A la vérité, la question à résoudre était beaucoup
plus complexe. Il ne s'agissait pas seulement de
donner le mouvement à un arbre moteur qui avait,
en dehors de la machine, son point d'appui. Il fallait faire mouvoir à la fois l'arbre, le propulseur du
bateau, le bateau lui-même surchargé du poids de
sa propre machine, et tout cela en prenant pour
point d'appui, non une matière fixe, mais un élément mobile, l'eau d'un lac, d'un fleuve, de la
mer.

Puis venaient d'autres difficultés : l'installation
de la machine sur le bateau, l'invention d'un mécanisme moteur et de transmission particuliers. A un
point de vue plus spécial, il fallait, outre la place
de la machine, trouver une place pour le combustible, tout en conservant celle qui est nécessaire à
la manœuvre, aux passagers et aux marchandises.
La question de mécanique pratique se compliquait
ainsi nécessairement des préoccupations commerciales et industrielles.

Nous allons dire rapidement comment toutes ces
difficultés ont été vaincues. Il nous suffira pour cela
de faire la description et la revue des machines ma-

rines et des propulseurs qu'elles font mouvoir, en signalant les principaux perfectionnements qu'ont reçus les uns et les autres.

## LES BATEAUX ET NAVIRES A VAPEUR A AUBES

Les roues à palettes chez les anciens. — Roues à aubes mues par la force musculaire des animaux. — Roues à palettes des bateaux à vapeur. — Disposition du mécanisme. — Avantages et inconvénients des propulseurs à aubes.

Quand la vapeur fut découverte, il y avait long-temps que l'idée de remplacer les rames des bateaux par des roues que ferait tourner l'action musculaire des animaux ou de l'homme, avait été conçue et même essayée. Les Romains et les Cartha-ginois s'étaient déjà servis de bateaux mus par des roues à aubes. D'anciennes médailles représentaient des *liburnes* (navires employés par les Romains à Actium) portant sur les côtés trois paires de roues à palettes, tournées par trois paires de bœufs. Je lis dans *l'Art naval*[1] que « l'on trouve en Chine, où elles sont en usage depuis des temps immémoriaux, des jonques à quatre roues, dont le moteur est une in-génieuse manivelle mise en mouvement par des hommes. » En 1472, Valturius de Rimini décrivait une roue dont l'arbre était mû, au moyen de manivelles

[1] Bibliothèque des merveilles.

coudées, par des hommes, et dont les palettes rem-
plaçaient les rames. Un propulseur semblable était
proposé, en 1699, par du Quet, à l'Académie des
sciences de Paris. Quand, quelques années plus tôt,
Papin propose d'appliquer la vapeur aux bateaux,
il fait mention des roues à rames de la chaloupe du
prince palatin Rupertus, qu'il avait vues en 1678,
en Angleterre : ces roues étaient mues par des chevaux attelés à un manége.

Ce mode de propulsion ne devait être sérieusement adopté qu'après la découverte et l'application
d'un moteur puissant : on vient de voir que ce moteur est la vapeur. Ce n'est donc que depuis Fulton
que les rivières, les lacs et la mer sont sillonnés de
navires et de bateaux armés de roues à aubes.

Tout le monde sait ce que c'est qu'une roue à
aubes : ceux qui n'ont pas vu de bateaux à vapeur
ont pu observer des roues analogues dans les moulins de nos rivières.

Les *aubes*, *palettes* ou *pales* qui rayonnent tout
autour de l'axe, reliées solidement à celui-ci par
des tiges ou jantes de fer (voy. plus loin la fig. 78),
sont des lames rectangulaires qui, mises en mouvement par la rotation de l'arbre moteur, viennent
successivement plonger dans l'eau, et, s'appuyant
sur la masse liquide, font avancer le bateau en
sens contraire de leur propre mouvement.

Les roues sont toujours, pour la symétrie et l'équilibre, au nombre de deux ; elles sont montées sur le même arbre ou axe, qui traverse le navire perpendiculairement à sa longueur ; et quand elles plongent dans l'eau verticalement, leur bord supérieur doit être recouvert par le fluide d'une hauteur de $0^m,10$ à $0^m,20$.

Il en est du travail mécanique des aubes sur l'eau comme de celui des rames ; il ne produit un effet utile, c'est-à-dire la propulsion du bateau en avant, que parce qu'il donne lieu à un mouvement de l'eau en arrière ; ce dernier mouvement, sans lequel le premier qui en est la réaction n'existerait pas, se nomme le *recul* ; il absorbe une quantité considérable du travail de la vapeur, indépendamment des pertes occasionnées par le frottement. Comme exemple de cette répartition du travail moteur, nous citerons celui que donne M. Sonnet[1] ; il est déduit d'expériences faites sur le bateau à vapeur *le Castor*, qui fait le service de Honfleur au Havre. « Sur 100 chevaux-vapeur fournis par la machine, dit-il, il y en a 33.9 employés à vaincre la résistance de l'eau sur la carène, c'est ce qui constitue le travail utile ; 58.2 sont consommés par le recul, c'est-à-dire pour mettre l'eau en mouvement ; le frottement n'en emploie que 7.9.

Le choc successif des palettes sur le liquide, à

---

[1] Dictionnaire des mathématiques appliquées.

leur entrée et à leur sortie, produit sur le navire
une suite de trépidations gènantes et fatigantes,
qu'on réduit beaucoup en donnant aux palettes,
dans le sens de leur longueur, une inclinaison légère. Alors, une des extrémités plonge avant l'autre,
ou si l'on veut, l'immersion est successive sur toute
la longueur de la palette. Par ce moyen, le choc et
les trépidations qui en sont la conséquence sont·
presque insensibles.

Sur les eaux dont la surface n'est point agitée, où
les bateaux peuvent conserver une position presque
horizontale d'équilibre, les roues à aubes font un
service excellent. Mais il n'en est pas de même sur
mer, où l'action du roulis fait pencher le navire de
droite à gauche, et où cette inclinaison empêche
l'axe des roues de rester horizontal. Les deux roues
plongent alors inégalement dans l'eau, de sorte que
l'action de chacune d'elles sur le liquide et sur le
mouvement de propulsion devient inégale. Il en résulte, pour la direction du navire, une déviation
fâcheuse et aussi une perte de force et de vitesse.
Je parle ici du principal inconvénient des roues à
aubes, de celui qui affecte la marche des navires de
toutes sortes. Mais, dans la marine militaire, les
roues à aubes offrent un inconvénient plus grave encore : elles réduisent la puissance offensive en prenant une place que l'artillerie réclame, elles réduisent la puissance défensive en exposant le propul-

seur et le moteur lui-même au feu de l'ennemi.

Il est résulté de là que la transformation de la marine militaire à voiles en marine à vapeur a été retardée jusqu'au moment où l'invention d'un propulseur nouveau, qui n'est sujet à aucun des deux inconvénients que je viens de signaler, rendit possible une large application de la vapeur aux flottes de guerre.

Ce nouveau propulseur est l'*hélice* qui, comme les roues à aubes, la vapeur même, et beaucoup d'autres inventions mécaniques, industrielles, etc., a été l'objet d'une série assez nombreuse d'essais et de tâtonnements avant de parvenir au succès, qui lui-même, presque toujours, est suivi de progrès et de perfectionnements nombreux.

## LES BATEAUX ET NAVIRES A VAPEUR A HÉLICE

Ce que c'est que l'hélice. — Avantages de l'hélice sur les roues à aubes, principalement dans les navires de guerre.— Aperçu historique sur l'invention de l'hélice. — Smith et Ericson. — Influence de l'invention de l'hélice sur la transformation de la marine militaire à voiles en marine à vapeur.

L'hélice n'est autre chose qu'une vis ou qu'un fragment de vis, laquelle faisant corps avec le bateau, avance dans l'eau et entraîne celui-ci dans l'écrou mobile que constitue le fluide lui-même.

Le mouvement de rotation des spires autour de

l'axe du propulseur est produit par une machine à vapeur installée à bord du navire.

Tout ce que nous avons dit de l'action propulsive des roues à aubes est applicable à l'hélice. C'est aussi en s'appuyant sur l'eau, masse mobile, et en lui imprimant un mouvement en sens contraire de celui de la marche du bateau, que ce dernier mouvement se produit. Il est donc inévitable qu'il y ait une fraction notable du travail moteur perdu en pure perte. Les avantages de l'hélice comparée aux roues à aubes sont d'une autre nature : mentionnons-les rapidement.

L'hélice est placée à l'arrière du navire, dans un cadre rectangulaire qui s'ouvre près de l'étambot. (Voyez la figure 73.) L'axe ou arbre moteur qui la porte est parallèle à la quille; il s'appuie par un bout contre la *butée*, sorte de massif solidement établi dans la cale; à l'arrière il traverse la coque dans une boîte à étoupe. La machine met cet arbre et l'hélice en mouvement soit directement par des manivelles ou coudes, soit indirectement par un engrenage.

Ce propulseur se trouve donc toujours immergé et à une profondeur telle que les mouvements perturbateurs de la mer n'ont sur lui aucune action. Il n'est donc pas, comme les roues à aubes, sujet aux inégalités d'action de ces dernières. D'autre part, l'hélice est à peu près complétement à l'abri des projectiles, et il en est ainsi des machines qui la font mouvoir, puisqu'elles sont installées, comme l'hélice, dans les parties inférieures du navire. Enfin, et ces considérations ont surtout de l'intérêt pour la marine de guerre à vapeur, les batteries d'artillerie ne se trouvent nullement gênées par son installation.

En général, l'hélice offre sur les roues à aubes, cette autre supériorité que son installation laisse entièrement libre la manœuvre de la voile, de sorte que les navires à vapeur à hélice peuvent être gréés pour marcher sous l'action du vent quand ce dernier est favorable, ce qui est économiquement fort avantageux. Les navires mixtes, à voiles et à aubes sont au contraire d'une manœuvre plus difficile.

En quelques lignes rapides, traçons l'histoire de l'invention de l'hélice ou de son application à la navigation à vapeur.

Comme pour la roue à aubes, il a d'abord été question de faire mouvoir l'hélice par les moteurs animés, l'homme ou les animaux. Duquest (1727) utilisait le courant des fleuves pour remorquer les bateaux en se servant de la vis d'Archimède. Paucton (1768) employait une héliçoïde à quatre branches à laquelle il imprimait le mouvement par la puissance motrice des hommes d'équipage.

En 1803, l'ingénieur Dallery prit un brevet pour un propulseur mû par la vapeur et composé de deux vis : l'une à axe mobile, placée à l'avant servait de gouvernail ; l'autre placée à l'arrière, venait ajouter son impulsion à celle de la précédente, d'où résultait la progression du navire. Les noms des Anglais Shorter (1802), Samuel Brown (1825), du capitaine de génie français Delisle (1823), des frères Bourdon, de Sauvage (1832) doivent être cités au nombre de ceux qui ont conçu des projets ou fait des essais pour l'application de l'hélice à la propulsion des navires.

Deux hommes, le mécanicien anglais Smith, d'abord simple fermier, et l'ingénieur suédois Ericson peuvent être considérés comme ayant définitivement et presque simultanément résolu le problème.

*L'Archimède*, navire à vapeur de quatre-vingt-dix chevaux, est le premier bâtiment qui ait navigué, sous l'action d'un propulseur héliçoïde du système de Smith, en 1838. Quatre ans plus tard, *le Princeton*, de deux cent vingt chevaux, muni d'une hélice système Ericson, était lancé aux États-Unis.

Smith avait commencé par des essais sur une petite échelle qui attirèrent sur lui l'attention des marins anglais. Voici ce que dit M. Léon Renard[1] au sujet de *l'Archimède* :

---

[1] *Art naval*, p. 61.

« Avant de se décider à admettre le nouveau propulseur, les lords de l'Amirauté voulurent qu'une
expérience fût faite sur un navire d'au moins deux
cents tonneaux. C'est alors que Smith et ses associés
construisirent *l'Archimède* de deux cent trent-sept
tonneaux, qui fut lancé en 1858. Il fut pourvu d'une
hélice d'un pas complet, établie dans le massif arrière et mue par deux machines ayant ensemble
90 chevaux de force. Il coûta 262,500 francs. On
n'en exigeait que quatre ou cinq nœuds à l'heure ;
il en fit près du double. Le premier voyage de *l'Archimède* se fit de Gravesend à Portsmouth, traversée
qu'il opéra en vingt heures, malgré un vent et une
marée défavorables. »

Les premiers essais du Suédois Ericson eurent
lieu en Angleterre en 1837. Un navire, le *Francis
B. Odgen*, muni de son propulseur, remorqua un
schooner de 140 tonneaux avec une vitesse de 7
milles à l'heure. Mais Ericson, n'ayant reçu des
Anglais aucun encouragement, passa aux États-
Unis, où son invention fut accueillie avec l'enthousiasme qu'elle méritait. Il s'était, avant son départ,
entendu avec Stockton, officier de la marine des
États-Unis, et c'est sur le *Robert Stockton*, navire à
vapeur à hélice de 70 chevaux, qu'ils firent ensemble la traversée de l'Océan, et débarquèrent sur
les côtes de la grande république. Le *Princeton*,
que j'ai cité au début de cette courte notice histo-

rique, suivit de près ce premier navire, construit
en Angleterre.

La France suivit, dès 1842, l'exemple donné par

Fig. 71. — Premières hélices de Smith. Hélice simple d'un pas entier;
hélice double d'un demi-pas.

les deux grandes puissances maritimes. Un navire
de 130 chevaux, pourvu d'une hélice système Ericson, fut construit au Havre.

Fig. 72. — Hélices à deux et à quatre aile.

Depuis, la transformation des flottes en navires
à vapeur à hélice fit dans le monde entier de grands
progrès. Les navires de commerce, les paquebots,

suivirent l'exemple, sans, toutefois, que le système
propulseur à aubes, qui a aussi ses avantages, ait
été abandonné. Ce n'est pas ici le lieu de faire l'histoire de ces change-
ments. Revenons donc
à la description des sys-
tèmes d'hélice adop-
tés, pour reprendre en-
suite celle des machi-
nes à vapeur marines,
qui doit nous intéres-
ser particulièrement.

Les premières héli-
ces de Smith étaient
formées d'un pas en-
tier dans le sens de
l'axe, comme le mon-
tre la figure 71. Plus
tard, il réduisit l'hélice

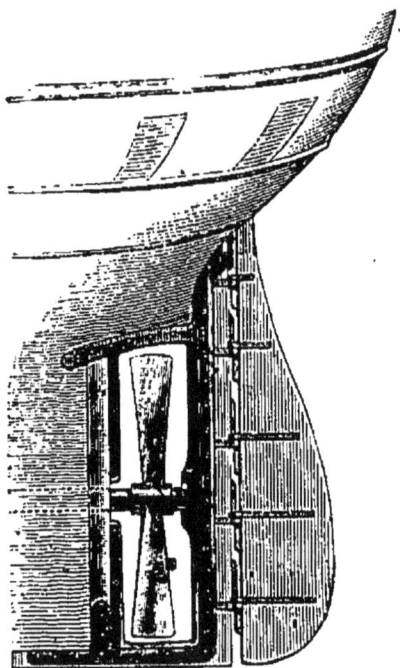

Fig. 73. — Cadre de l'hélice à
l'arrière du navire.

à un demi-pas, mais il la doubla (fig. 71). L'expérience fit bientôt voir que l'étendue des spires
dans le sens de l'axe pouvait être et devait être
considérablement réduite. On emploie des fractions
de pas beaucoup plus petites, et on multiplie les
branches ou ailes du propulseur qui, le plus souvent cependant, sont réduites à quatre, quelquefois
à deux (fig. 72). L'emploi des hélices à six ailes
ou plus offre plus d'inconvénient que d'avantages,

l'action des unes nuisant à l'action des autres. C'est l'étendue ou le diamètre des ailes de l'hélice, c'est aussi la rapidité du mouvement de rotation qui donnent à ce mode de propulseur toute sa puissance.

Pour terminer, montrons, par la figure 75, la disposition d'une hélice dans son cadre, à l'arrière d'un navire, et disons que, pour éviter la résistance qu'offrirait l'hélice au cas où la voile remplace l'action de la vapeur, on s'arrange, soit pour la rendre *folle*, soit pour la retirer momentanément de son cadre. Dans ce dernier cas, un puits est ménagé dans l'arrière du bâtiment; on soulève l'hélice, qu'on amène entre deux coulisses, dans le puits, où elle peut être visitée et réparée au besoin.

## CHAUDIÈRES ET MACHINES MARINES

Des types de machines employées dans la navigation à vapeur. — Force nominale. — Emploi des chaudières tubulaires. — Machines horizontales à deux et à trois cylindres. — Disposition des machines et des chaudières sur les navires à aubes ou à hélice.

Le propulseur des navires ou bateaux à vapeur nous est connu.

Voyons maintenant comment la vapeur, la seule force motrice assez puissante pour suppléer à la force inconstante et souvent contraire du vent, imprime aux roues ou à l'hélice le mouvement de rotation.

La machine à vapeur, telle que nous l'avons dé-

Fig. 74. — Chaudière tubulaire à retour de flammes de *l'Isly*. Coupe.

crite, est-elle modifiée d'une manière essentielle, quand elle devient une machine de navigation?

Non. En réalité, non-seulement le principe est identique, mais les organes principaux, le générateur, le mécanisme moteur, la transmission restent les mêmes. Ils ne font, ainsi qu'on va le voir, que subir les nécessités particulières à l'installation sur un navire.

A l'origine, les machines à basse pression et à condensation, c'est-à-dire les machines de Watt à balancier, les seules d'ailleurs employées alors dans

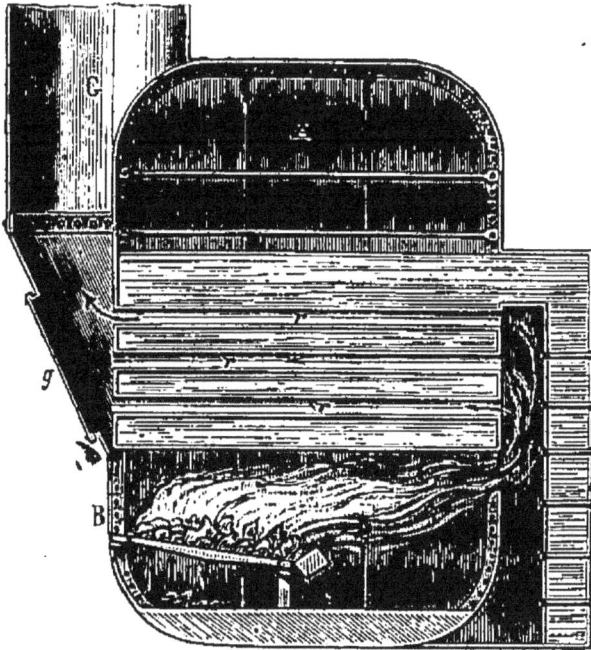

Fig. 75. — Chaudière marine tubulaire à retour de flammes. Coupe.

l'industrie, formaient le type des machines de navigation soit sur les rivières et les lacs, soit sur la mer. Aujourd'hui encore, les vapeurs à aubes trouvent avantage à s'en servir. Les mouvements en sont lents, comme on sait, mais cette lenteur est largement compensée par la régularité du fonctionnement. Elles sont lourdes et encombrantes, il est vrai, mais toutes leurs parties sont aisément accessibles pour la surveillance, l'entretien, et, au besoin, les réparations. C'étaient les machines qu'avaient adoptées les marines militaires d'Angleterre et de France, avant que l'invention de l'hé-

Fig. 76. — Chaudière d'une machine marine. Vue d'ensemble.

lice eût changé les données du problème. Pour l'hélice, les machines de ce type donnent un mouvement trop peu rapide de rotation, qu'il serait sans doute aisé de multiplier par les engrenages, mais aux dépens de la force effective des machines ou de leur travail utile.

La condensation est généralement adoptée, non-

seulement là où elle est nécessaire, c'est-à-dire
dans les machines à basse pression, mais aussi
dans les machines marines à moyenne et à haute
pression. L'abondance de l'eau rend commode et
économique l'emploi des condenseurs.

Les machines à vapeur employées dans la navigation sont les plus puissantes que l'on construise.
Il n'est pas rare que leur force effective se mesure
par centaines de chevaux-vapeur; que dis-je? dans
certains navires de la marine militaire, il faut
compter par milliers. Ajoutons que l'évaluation de
la puissance des machines marines en chevaux-
vapeur — ce qu'on appelle leur force nominale —
se fait d'une autre façon que pour les machines terrestres. Le *cheval de basse pression*, le *cheval nominal*
dans la marine vaut, non pas seulement 75, mais
plus de 100 kilogrammètres, en moyenne 107 kilogrammètres sur l'arbre de couche, 135 kilogrammètres sur les pistons. Cela tient à ce que la perte
de travail moteur employée au recul a forcé les
constructeurs à exagérer la force en vue de l'effet
utile à produire. Aujourd'hui même, les chiffres
que nous venons de rapporter sont trop faibles :
dans la marine de l'État, le cheval-vapeur *nominal*
atteint 300 kilogrammètres.

A ce compte, la frégate à vapeur *le Friedland*,
dont la machine a une puissance effective de
4,000 chevaux de 75 kilogrammètres, ne doit être

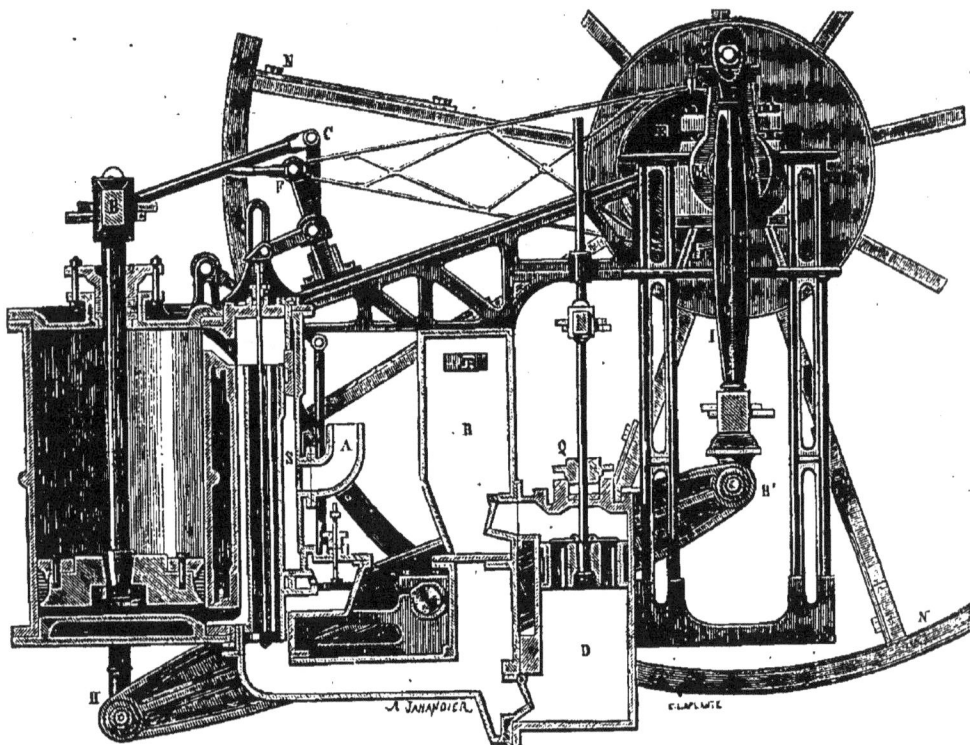

Fig. 77. — Machine marine à balancier. Coupe.

A, tuyau de prise de vapeur HH', balancier; D, condenseur; Q, pompe d'épuisement; I K M, bielle, manivelle et arbre moteur; N, roue à aubes ; E F, excentrique du tiroir.

243-244.

portée, pour sa force nominale, qu'à 1,000 che-vaux.

Pour obtenir une telle puissance, il a fallu em-ployer des générateurs capables de vaporiser des poids d'eau considérables, ayant par suite une très-grande surface de chauffe.

Aussi emploie-t-on généralement des chaudières tubulaires à retour de flammes, dont les figures 58, 59, 74 et 75 représentent plusieurs types. D'ailleurs, on ne se contente pas d'une seule chaudière, ni d'un seul foyer, et la quantité de combustible brûlée s'élève à des proportions énormes. Citons quelques chiffres.

L'*Algésiras*, de 900 chevaux, a une machine mu-nie de 8 corps de chaudière dont les foyers, quand ils sont allumés tous ensemble, brûlent par heure 4,146 kilogrammes de houille.

Le *Napoléon*, de 950 chevaux, a aussi 8 corps de chaudière, et 40 foyers qui brûlent 3,635 kilo-grammes de houille à l'heure. La pression de la vapeur n'y dépasse guère 2 atmosphères.

La frégate cuirassée, *le Friedland*, dont nous décrirons plus loin la machine, et qui, avec son chargement complet de charbon et de munitions, pèse 7,200 tonnes, consomme, en pleine marche, 5,200 kilogrammes de houille par heure, 125 tonnes de houille par jour de navigation continue. C'est donc une dépense qui, suivant les prix de la houille, peut varier de 4 à 5,000 francs par jour, pour le combustible seul. L'aspect extérieur des chaudières (fig. 76) et des machines marines ne rappelle donc guère celui des machines à vapeur employées dans l'industrie manufacturière. Quoique tous les organes en soient de dimensions relativement considérables, on les a disposés de manière à occuper le moins d'espace possible : chaudières, condenseurs, mécanisme moteur, etc., tout est ramassé comme on peut s'en rendre compte en examinant les divers types de machines dont les figures 77, 78, 79, et 80 donnent l'ensemble général.

La première est une machine à balancier, à moyenne pression, à condensation et à détente. En suivant, au moyen de la figure 77, la légende explicative, et en se reportant à notre description générale, on se rendra compte aisément du fonctionnement de la machine. Le balancier se trouve osciller au-dessous du piston et du cylindre : c'est une disposition rendue nécessaire par la situation de l'arbre moteur, de l'axe des roues du navire, qui occupe nécessairement une place élevée dans les navires à aube. La vue d'ensemble d'une machine semblable, à balancier et à cylindre vertical, est représentée dans la figure 78, qui permet de voir comment l'arbre moteur des roues à aubes s'y trouve relié au mécanisme. Elle appartient au navire à vapeur *le Sphinx*.

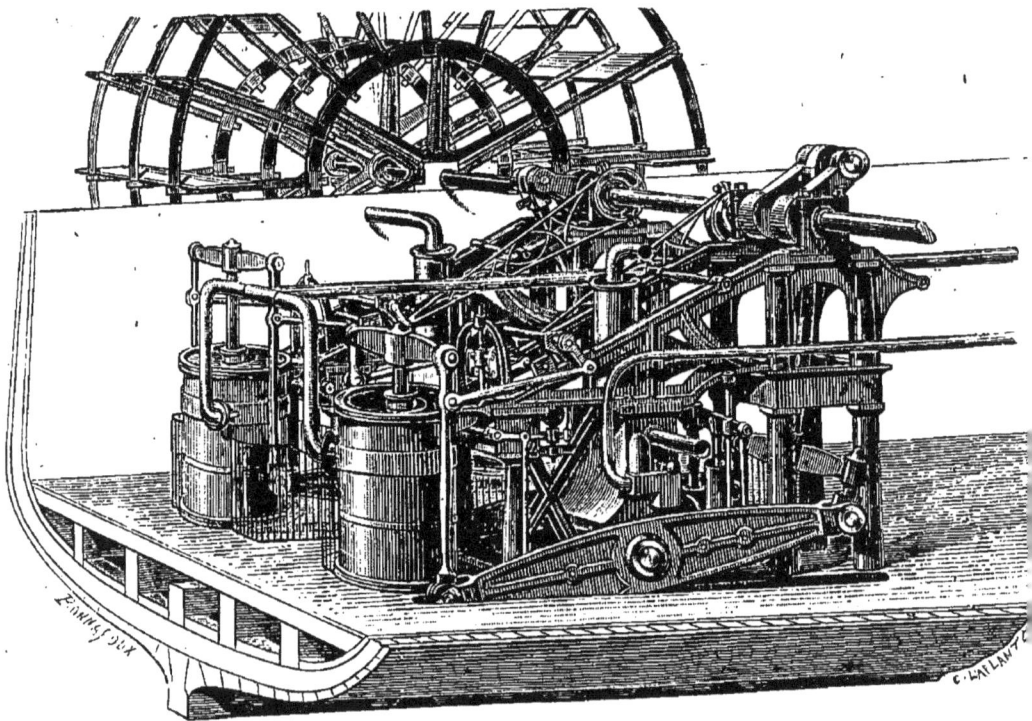

Fig. 78. — Machine à balancier du navire à aubes *le Sphinx*.

Les bielles sont reliées directement à l'arbre qui est coudé en deux de ses points, de manière à former deux manivelles à angle droit, recevant chacune l'action d'un cylindre.

Ici, les cylindres sont verticaux. Quand le même type de machines fut appliqué à l'hélice, les cylindres furent placés horizontalement et dans un sens transversal; mais on fut obligé, pour donner à l'arbre une vitesse de rotation suffisante, d'employer un système d'engrenage. Bientôt on préféra les machines horizontales, à deux cylindres, sans balancier, et c'est sur l'arbre même de l'hélice, coudé à angle droit, que les bielles exercèrent leur action.

Les cylindres des machines marines ont souvent des dimensions colossales. Pour ne citer qu'un exemple, les cylindres de la machine du *Friedland* ont un diamètre intérieur de $2^m.10$ et la course de leurs pistons n'a pas moins de $1^m.30$. La pression de la vapeur s'exerce ainsi, pour chaque piston, sur une surface d'environ $3^{mc}.50$ ; en supposant la tension de la vapeur de 2 atmosphères et demie, cette pression est donc égale à environ 90,000 kilog.

Pour guider des pistons de cette dimension, on emploie, non plus une seule, mais deux ou quatre tiges $t, t'$ qui s'articulent par une traverse à la bielle B. Celle-ci, comme on le voit sur la figure 79, revient

sur elle-même s'articuler au coude de l'arbre moteur, faisant fonction de manivelle et, pour cette
raison, on la nomme *bielle en retour*.

La machine à vapeur marine que nous venons de
citer n'est pas seulement remarquable par ses dimensions, par sa puissance, par la vitesse qu'elle
imprime au navire sur lequel elle est installée, vitesse qui n'est pas moindre, par un temps calme,
de 14 nœuds et demi, c'est-à-dire d'environ 28 kilom. à l'heure. Son hélice a 6$^m$.10 de diamètre. Je
l'ai vue tourner sur son arbre à l'Exposition universelle de 1867 ; en se plaçant dans le sens du mouvement des ailes, on ressentait sur la figure l'impression du courant d'air produit par l'évolution
des énormes spires. Mais, je le répète, cette machine
se distingue aussi comme un type ayant des qualités
spéciales. J'en vais dire, pour terminer, quelques
mots.

C'est une machine à détente du système de Woolff,
avec cette disposition particulière qu'elle renferme
trois cylindres égaux de même diamètre et de même
course. L'introduction de la vapeur a lieu dans un
seul cylindre, celui du milieu ; après avoir travaillé
à pleine pression, elle pénètre dans les deux cylindres latéraux, où elle se détend, puis va de là dans
deux condenseurs séparés. En sortant des chaudières, la vapeur circule dans un appareil sécheur,
puis elle se bifurque dans les chemises-enveloppes

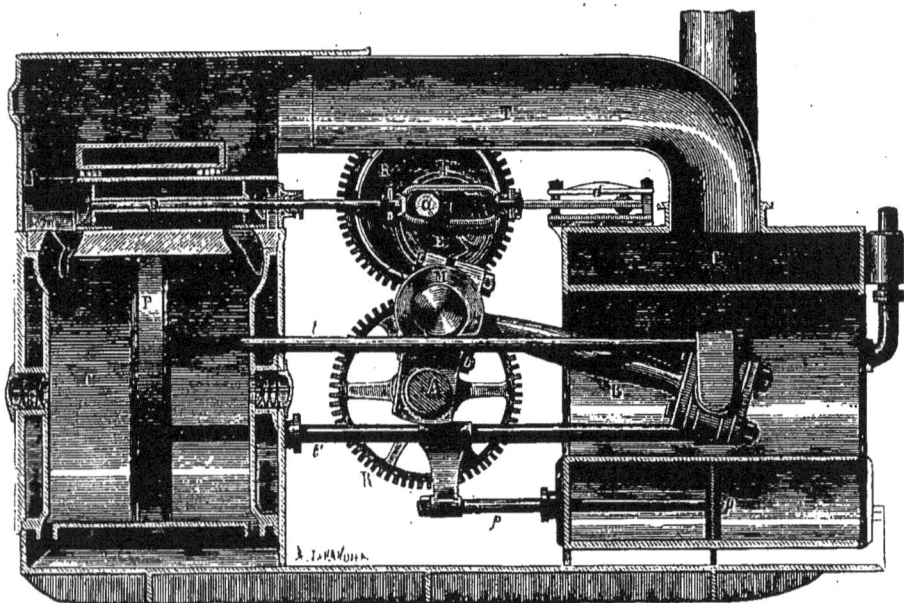

Fig. 79. — Machines à deux cylindres de M. Dupuy de Lôme. Coupe.

CP, cylindre et piston; BM, bielle et manivelle; A, arbre moteur de l'hélice; RR, roues dentées faisant mouvoir l'arbre *a*; E, excentrique tiroir D; CT, condenseur et son tuyau.

des cylindres extrêmes. A puissance égale, à poids égal des machines, on obtient avec ce système, comparé au système à deux cylindres, une économie notable de combustible.

Mais, de plus, comme les coudes ou manivelles

Fig. 80. — Machine marine à deux cylindres de détente et à un cylindre de pleine pression.

de l'arbre moteur qui reçoivent les têtes de bielle sont disposés à angle droit pour les coudes correspondant aux pistons extrêmes, et dans le prolongement de la bissectrice de cet angle pour le coude du milieu, il en résulte cet avantage, que toutes les pièces mobiles conservent presque complétement le même équilibre autour de l'axe de l'arbre, quelle que soit la position du navire déterminée par le roulis.

Les machines à fourreau, les machines oscillantes, que j'ai décrites dans le chapitre consacré au mécanisme de transmission, sont souvent employées dans la navigation à vapeur fluviale ou maritime. Je crois avoir dit déjà que les premières étaient surtout en usage dans la marine anglaise. En général, les différences qu'on rencontre entre les machines fixes terrestres et les machines marines sont presque toutes dues à une question d'aménagement et d'emplacement. Il faut, sur un navire marchand, ménager la place pour le chargement; dans les navires de guerre, ménager la place, surtout en hauteur, à cause des conditions de l'attaque et de la défense, pour l'artillerie aussi et les munitions. Seuls, les navires de transport, les paquebots destinés surtout aux voyageurs peuvent se donner le luxe de machines occupant un plus gros volume. Les qualités relatives à la sécurité et au confort sont alors celles qui prédominent. C'est là ce qui prolongera longtemps l'usage des machines à balancier, appliquées aux navires à aubes, parce que ce système donne une allure plus douce, plus agréable que les machines à mouvement rapide des bateaux à hélice.

J'ai dit que les machines de navigation sont, en grande majorité, des machines à basse ou à moyenne pression. Mais les machines à haute pression sont

Fig. 81. -- Disposition et aménagement de la machine sur un navire à vapeur à hélice,

aussi employées dans certains cas spéciaux. A condensation et à détente, détente à sec, qui prévient
les incrustations d'eau de mer, elles offrent le grand
avantage d'être les plus économiques de toutes ; on
les installe sur les grandes canonnières armées pour
les expéditions lointaines. C'est aussi pour les canonnières et batteries flottantes, pour les remorqueurs qui font le service de l'entrée des ports,
pour les bâtiments enfin destinés à des trajets courts
et rapides, qu'on emploie les machines à haute pression, mais sans condensation ni détente ; leur avantage consiste surtout dans la plus grande simplicité
de leur construction qui les rend moins lourdes et
moins encombrantes, en somme aussi d'une installation plus économique.

Fig. 82. — Un steamer transatlantique.

# II

## LA VAPEUR SUR LES CHEMINS DE FER

Premières voitures à vapeur : la voiture de Cugnot. — Olivier Evans, Trewitick et Vivian. — Essais de locomotives à vapeur sur les chemins de fer. — Invention de la chaudière tubulaire ; Marc Seguin et Stephenson. — *La Fusée.*

« Les premiers essais de voiture mue par la vapeur d'eau remontent à l'ingénieur français Cugnot, qui, en 1769, conçut et fit exécuter à Paris un chariot destiné à se mouvoir sur les routes ordinaires, sous l'action de la vapeur. Vint plus tard Olivier Evans, qui construisit à Philadelphie, en 1804, la première voiture de ce genre qu'on ait vue en Amérique. A la même époque, une machine locomotive circula sur le chemin de fer de Merthyr Tydwil, en Angleterre ; elle était due aux ingénieurs Trewitick et Vivian[1]. »

La voiture de Cugnot avait un grand défaut : la chaudière ne pouvait produire la vapeur nécessaire

---

[1] *Les Chemins de fer*, Biblioth. des merveilles.

à l'entretien du mouvement que pendant douze à quinze minutes, après quoi il fallait la laisser reposer pendant un temps à peu près égal, pour donner le temps au foyer de produire de nouvelle vapeur.

L'essai qu'on en fit alors parut assez satisfaisant pour que l'inventeur fût chargé de construire une

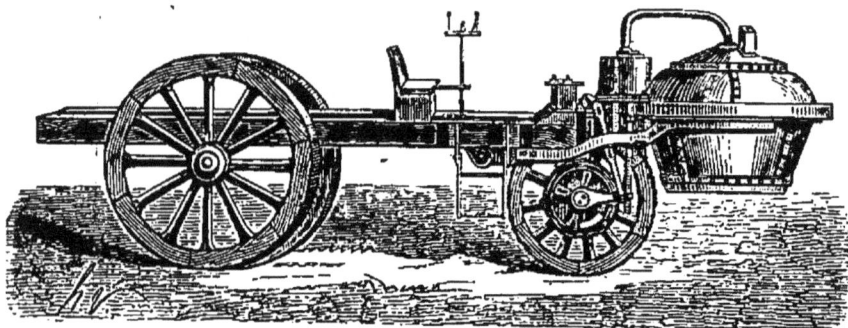

Fig. 85. — Voiture à vapeur de Cugnot (1769).

nouvelle voiture qui figure aujourd'hui encore au Conservatoire des arts et métiers (c'est celle dont la figure 85 donne le dessin), mais qui ne paraît pas avoir été jamais essayée[1]. Treize ans auparavant, un Anglais, Robison, avait conçu le projet d'appliquer la vapeur à la locomotive sur les routes, et s'était entendu avec Watt pour la réalisation de cette idée, mais sans succès. Un modèle de voiture à vapeur fut construit plus tard, en 1785, par

---

[1] Circonstance curieuse à noter et qui fait honneur à Planta, officier suisse, qui avait lui-même imaginé une voiture à vapeur. Chargé d'examiner l'invention de Cugnot, Planta n'hésita point à la trouver préférable à la sienne.

·ce dernier; mais il ne paraît pas qu'aucune suite ait été donnée à cette tentative.

La locomotion sur les routes par l'action de la vapeur ne devait réussir et prendre l'immense extension qu'elle possède aujourd'hui, que grâce à l'adoption d'un nouveau système de voie, qui fut d'abord appliqué au transport des matériaux dans les mines de houilles. Les chemins à ornières, puis à bandes saillantes, d'abord en bois, puis en fer, diminuaient considérablement la résistance au roulement.

Mais, chose curieuse, ce progrès constitua dans l'origine un obstacle à l'adoption des voitures à vapeur. Comme ces voitures étaient d'abord assez légères, leurs roues motrices, en tournant rapidement, glissaient sans avancer, *patinaient*, selon l'expression technique. On imagina divers moyens de vaincre cette difficulté pratique, quand un ingénieur anglais, Blacket (1813), prouva que l'adhérence de la locomotive sur les rails peut s'obtenir en donnant aux locomotives un poids suffisamment considérable, pourvu qu'on fît supporter cette pression à l'essieu des roues motrices. C'est de cette époque que date la machine de G. Stephenson (fig. 84), où les essieux sont rendus solidaires par le moyen d'une chaîne sans fin. L'adhérence de toutes les

---

[1] Par exemple, emploi d'une roue dentée, s'engrenant avec une crémaillère disposée entre les rails, ou encore, de jambes mobiles qui étaient alternativement appuyées sur le sol puis soulevées.

roues de la locomotive se trouve ainsi utilisée.

On peut dire qu'à partir de ce moment, la locomotion sur les voies ferrées, à l'aide de voitures
mues par la vapeur, était un problème pratique-

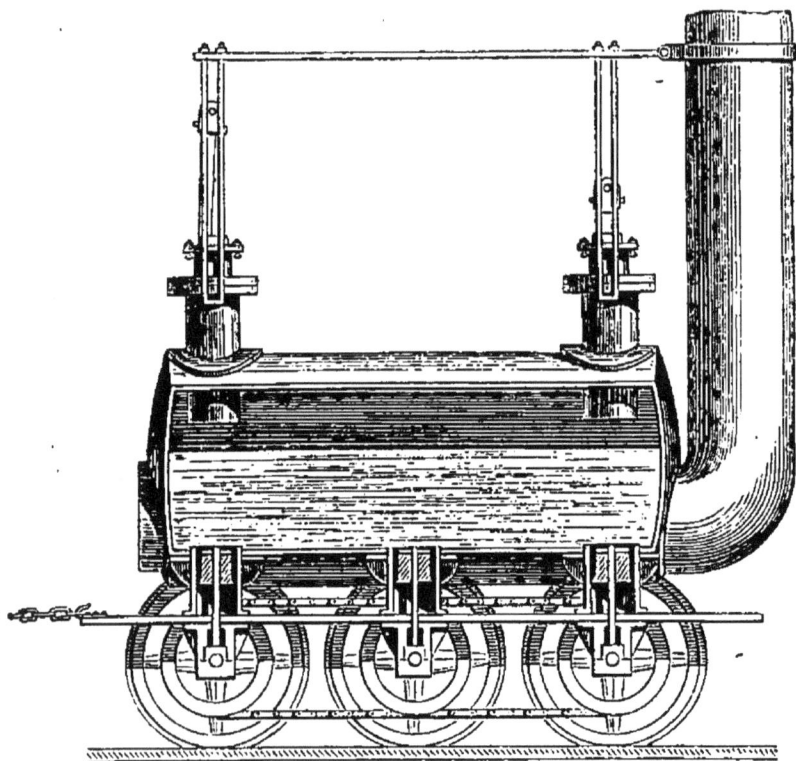

Fig. 84. — Locomotive de G. Stephenson à chaîne sans fin (1814).

ment résolu. Toutefois, les premières locomotives
ne donnaient pas encore un résultat satisfaisant ;
la quantité de vapeur que leurs chaudières pouvaient
fournir était insuffisante pour la charge ou la vitesse
qu'on voulait obtenir.

La raison en était dans la nature de la chaudière,
dont l'eau était chauffée par un foyer intérieur, dans

un tube qui la traversait dans toute sa longueur
(fig. 84). La surface de chauffe n'était pas assez
considérable pour la vaporisation qu'il importait
d'obtenir, et le tirage était tout à fait insuffisant.

Toutefois, les locomotives de Stephenson, d'Hac-
worth réalisèrent, sous divers rapports, des perfectionnements qui eurent leur importance : le mécanisme moteur, la transmission, l'adhérence des
roues sur les rails furent l'objet de dispositions
nouvelles qu'il serait trop long de décrire. Jusqu'en
1829, la locomotion à vapeur ne fit que les progrès
de détails dont nous parlons.

Mais, à cette époque, la substitution à la chaudière ordinaire de la chaudière tubulaire avec tirage
produit par un jet de vapeur, produisit une véritable révolution dans l'application des machines à
vapeur à la locomotion sur les voies ferrées. C'est
à Marc Séguin qu'est due l'invention des chaudières
tubulaires ; grâce à l'accroissement énorme de surface de chauffe que cette disposition permit d'obtenir sans augmenter les dimensions du générateur,
la vaporisation se trouva accrue dans une proportion
qui multiplia la puissance des machines ; mais pour
suffire à cette production de vapeur, il fallait entretenir l'activité du foyer par un tirage énergique
que la très-faible hauteur des cheminées de locomotive ne pouvait donner.

Ce fut donc aussi une invention heureuse que

celle de se servir de la vapeur, quand elle vient
d'agir sur le piston, et de la faire évacuer dans la
cheminée même. Elle produit ainsi, à chaque coup

Fig. 85. — *La Fusée*, de Robert Stephenson.

de piston, un courant rapide qui entraîne au dehors
l'air et les gaz de la combustion, et par les tubes,
détermine un appel au sein même du foyer.

La première locomotive où ces deux capitales
améliorations furent appliquées fut *la Fusée*, qui
sortit des ateliers de Robert Stephenson, et qui obtint

en 1825 le prix du concours ouvert à Liverpool.

S'il est permis d'attribuer, sans risque de commettre une injustice, à notre compatriote, M. Seguin, l'invention de la chaudière tubulaire pour locomotives, on ne peut dire avec la même assurance à qui

Fig. 86. — Marc Séguin l'aîné.

est due l'idée d'appliquer au tirage le jet de la vapeur. Hackworth, Pelletier, G. Stephenson, sont également signalés comme les inventeurs de cet important perfectionnement.

Séguin l'aîné, Stephenson, tels sont en résumé les deux noms en qui se personnifie la révolution économique, mécanique et industrielle par laquelle

les chemins de fer, jusqu'alors exclusivement employés dans les exploitations minières, sont deve-
nus les plus importantes voies de la circulation universelle.

Marc Séguin, qui, croyons-nous, vit encore, est

Fig. 87. — George Stephenson.

le neveu de Montgolfier, l'inventeur des ballons.
George Stephenson était un simple ouvrier mineur,
qui conquit, par son intelligence et son travail, une
si éminente place dans l'élite des ingénieurs anglais, et, de plus, eut la satisfaction de voir son fils
Robert atteindre et dépasser sa propre réputation
si méritée.

Pour montrer combien *la Fusée* était supérieure aux locomotives en usage sur les voies ferrées en 1825, citons d'après M. Perdonnet, les chiffres comparatifs suivants : les anciennes locomotives, vaporisaient 450 kilog. d'eau par heure, *la Fusée*, près du double, soit 850 kilog. Et cependant, la dépense de combustible pour le transport d'une même charge à une même distance était réduite de plus de moitié. La vitesse était accrue de 10 kilom. à 15. Tous ces résultats se condensent, pour ainsi dire, dans une seule donnée, la surface de chauffe qui, de $3^{mc}.82$ dans les anciennes locomotives, atteignait $12^{mc}.80$ dans *la Fusée*, plus du triple.

Depuis, d'immenses progrès ont transformé la locomotive ; la théorie et la pratique ont à l'envi porté, pour ainsi dire, à la perfection l'ensemble et les détails de ce moteur si puissant et si rapide. L'art du constructeur a été pour beaucoup dans cette transformation ; mais tous ces progrès n'ont pu se faire que parce que la double invention de Stephenson et de Séguin a permis d'étendre le réseau des lignes de fer.

## LA LOCOMOTIVE

Description de la locomotive. — Le générateur; chaudière tubulaire. — Étendue considérable de la surface de chauffe. — Mécanisme moteur.

Voyons maintenant où en est, non l'industrie des chemins de fer, — c'est un sujet qui n'a point sa place ici, et que nous avons traité ailleurs, — mais la machine à vapeur appliquée au transport des voyageurs et des marchandises sur les voies ferrées.

Nous allons prendre un exemple, un type, pour notre description, qui sera rapide puisqu'il suffira de voir quelle est, dans la locomotive, la disposition des organes que la machine à vapeur nous a déjà fait connaître.

Voici une coupe longitudinale (fig. 89), puis deux coupes transversales à l'avant et à l'arrière de la machine, qui nous feront comprendre cette disposition.

Occupons-nous d'abord du générateur.

La chaudière des locomotives est tubulaire. Elle est composée de deux parties principales : l'une, située à l'arrière et de forme rectangulaire, renferme le foyer qui, sur toutes les faces sauf la face inférieure, est enveloppé d'eau ; l'autre, le *corps cylindrique*, ainsi nommé de la forme de son enveloppe, contient deux capacités distinctes ; dans sa moitié inférieure sont logés les tubes par lesquels passent

la fumée et les gaz de combustion qui du foyer vont
à la cheminée. Tous ces tubes, en nombre souvent
considérable, sont baignés par l'eau de la chau-

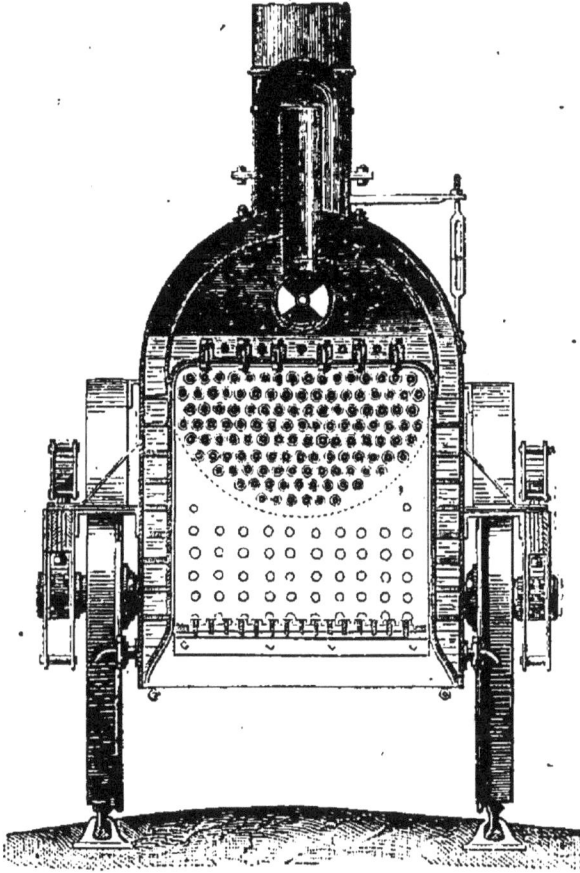

Fig. 88. — Locomotive. Coupe transversale, dans la boîte à feu.

dière. La moitié supérieure du corps cylindrique est
le réservoir de vapeur qui, par un tuyau doublement
coudé à l'avant et à l'arrière, *p s s u*, débouche d'un
côté dans le dôme, de l'autre dans la boîte à vapeur
de chacun des deux cylindres de la machine.

Fig. 89. — Coupe longitudinale d'une locomotive.

Le mécanicien peut, à volonté, à l'aide de la ma-
nette *r*, ouvrir ou fermer les valves d'un diaphragme *q*
qui donne passage à la vapeur, l'arrête ou l'introduit en des proportions variées : c'est ce qu'on

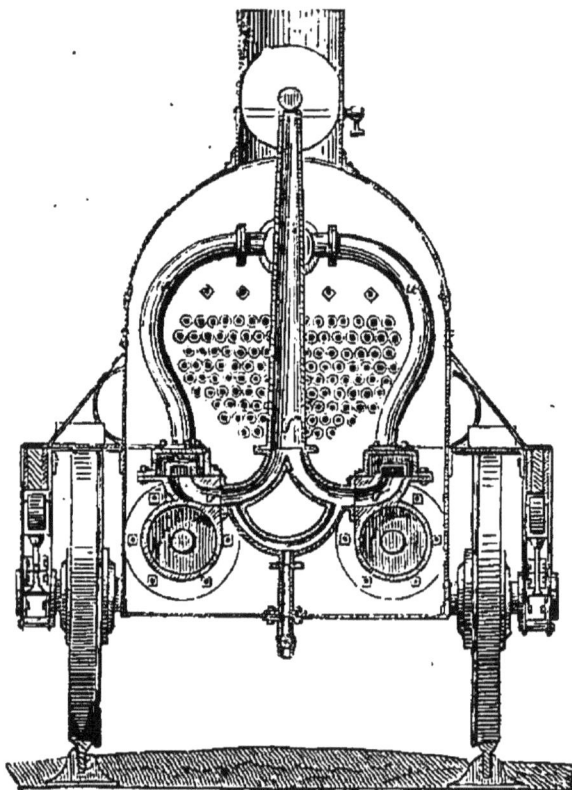

Fig. 90. — Locomotive. Coupe transversale, dans la boîte à fumée.

nomme le régulateur, et ici, à cause de sa forme,
*le régulateur à papillon.*

On voit sur le dos convexe du corps cylindrique
les appareils accessoires ou de sûreté de toute machine à vapeur, soupapes, manomètre, indicateur
et robinets de niveau, sifflet d'alarme.

Quel est le caractère distinctif de la chaudière d'une locomotive? C'est d'abord, nous l'avons déjà dit, l'énorme étendue de la surface de chauffe relativement à la capacité totale. Pour montrer dans quelle proportion cet élément se trouve accru par l'adoption des tubes, citons quelques nombres. Dans une locomotive Crampton (type de l'Est), les enveloppes du foyer, c'est-à-dire la surface de chauffe par rayonnement, n'est, en mètres carrés, que de $8^m.65$ ; la surface de chauffe par contact, c'est-à-dire celle des tubes que lèchent les gaz de la combustion, est de $88^m.92$, ou si l'on veut, plus de *dix fois aussi grande*. Dans une machine Engerth, à marchandises, ces nombres sont respectivement, $9^m.70$, $180^m.70$ ; les tubes augmentent la surface de chauffe dans le rapport de 1 à 18.6. De là, répétons-le, le second caractère important, le tirage par le jet de vapeur, sans lequel l'activité du foyer ne pourrait suffire à une si considérable production de vapeur, sans lequel, par conséquent, le type de la chaudière tubulaire pour locomotive perdrait son principal avantage. « Dans les machines locomotives, dit M. Perdonnet, le mètre carré de surface de chauffe produit de deux à trois fois autant de vapeur que dans les chaudières à machines fixes. »

Les locomotives sont des machines à haute pression, sans condensation. C'est là une conséquence nécessaire de ce que nous venons de dire. Il faut que la vapeur s'échappe dans l'atmosphère : elle ne peut donc être à basse pression ; il faut qu'en s'échappant, elle produise un jet ou courant; donc elle ne peut être condensée. Le plus souvent, elle est employée avec une tension de huit à neuf atmosphères.

Mais elle fonctionne avec détente, et un mécanisme particulier, la coulisse de Stephenson, permet de faire varier la détente, et en même temps rend possible le changement de sens dans la direction du mouvement. Une locomotive comme un bateau à vapeur — on comprend aisément la nécessité d'une telle manœuvre — doit pouvoir marcher en arrière comme en avant.

Continuons notre description.

La locomotive est en réalité, au point de vue du mécanisme moteur, formée de deux machines à vapeur accouplées. Il y a deux cylindres, munis chacun de son piston, de son tiroir, et la tige de chaque piston agit par l'intermédiaire d'une bielle sur la manivelle ou sur le coude de l'essieu qui porte la paire de roues motrices. Il y a même, dans certains types de locomotives, quatre cylindres, quatre machines agissant deux par deux, sur deux essieux différents. Rien de spécial, sauf dans l'agencement et les détails, ne distingue le mécanisme moteur de celui que nous avons vu fonctionner dans les machines fixes, terrestres ou marines. Les

figures montrent quelle est la disposition des cylindres ordinairement placés à l'avant, tantôt horizontaux, tantôt légèrement inclinés, tantôt logés
hors du châssis qui porte chaudière et machine,
tantôt intérieurs. Ici les cylindres sont intérieurs et
horizontaux.

C'est ce que nos coupes longitudinale et transversales de la locomotive laissent voir clairement. Dans
la figure 89, la distribution et l'échappement sont
aisés à comprendre. La vapeur, qui est amenée par
le tuyau *ss* jusque dans l'espace qu'on nomme boîte
à fumée, trouve là deux conduits *uu*, qui vont, en
se contournant, aboutir aux boîtes à vapeur des
deux cylindres. Après avoir agi sur les pistons elle
traverse les tuyaux *vv'*, et par le tuyau vertical V qui
s'ouvre à la base de la cheminée, elle s'échappe en
produisant le mugissement saccadé qu'on entend
toujours dans les locomotives en marche.

La rapidité avec laquelle ces bruits produits par
l'échappement se succèdent en pleine vitesse d'un
train indique assez combien est grand le nombre
des coups de piston dans chaque cylindre. On peut
calculer ce nombre d'après la vitesse de la locomotive : dans les trains rapides cette vitesse atteint 60
et même 80 kilomètres par heure. En supposant
cette distance parcourue par une locomotive à
voyageurs (système Crampton) dont la roue motrice
a 2$^m$.30 de diamètre, ou 7$^m$.20 de développement,

on trouve qu'en une heure, la machine a fait 11,111 tours de roue, dont chacun correspond à une double course des pistons. C'est trois doubles courses, ou six courses simples par seconde.

On comprend avec quelle rigoureuse précision ont dû être calculés et exécutés tous les organes, toutes les pièces du mécanisme moteur et surtout du mécanisme de distribution, pour qu'il ne se produise aucun dérangement par le fait de mouvements aussi rapides.

### PRINCIPAUX TYPES DE LOCOMOTIVES

Classification selon le service. — Machines à grande vitesse, à voyageurs : type Crampton. — Machines à petite vitesse, à marchandises : type Engerth. — Locomotives mixtes. — Machines pour fortes rampes.

Si la locomotive a un caractère spécial qui la distingue des autres machines à vapeur, des machines fixes de l'industrie, comme des machines mobiles de la navigation, il ne s'ensuit pas qu'elle constitue un type unique et uniforme. C'est un *genre*; mais ce genre comprend de nombreuses variétés.

Ces variétés, dont je ne puis décrire ici que les principales, ont été successivement créées pour satisfaire aux exigences multiples et croissantes des nouvelles voies de transport. Il a fallu tout d'abord se préoccuper de deux nécessités, sinon opposées absolument, du moins très-différentes : d'une part, la rapidité, qualité qu'on s'est attaché à réaliser dans les trains de voyageurs, sans dépasser toutefois les limites de la prudence ; d'autre part, la puissance de traction, indispensable pour les convois de marchandises, où la masse à transporter en un seul train importe plus que la vitesse du transport.

Sous ce rapport, les locomotives se sont donc divisées d'abord en deux types bien tranchés :

Les *locomotives à voyageurs*, uniquement destinées au transport rapide des convois de faible masse ; service de grande vitesse ;

Les *locomotives à marchandises*, spécialement consacrées à mouvoir, à une vitesse modérée, les plus lourdes charges ; service de petite vitesse.

Tout naturellement, un troisième type intermédiaire entre les deux premiers, participant de leurs qualités moyennes, a dû être créé. Ce sont :

Les *locomotives mixtes*, employées à traîner des convois renfermant à la fois des voitures à voyageurs et des wagons de marchandises ; ou encore pouvant à volonté être affectées alternativement au service de la grande vitesse ou au service de la petite vitesse.

En dehors de ces trois types principaux, d'autres types de locomotives ont été construits pour satisfaire à des services spéciaux. Nous allons passer en

Fig. 91. — Locomotive à grande vitesse : type Crampton.

revue quelques échantillons des unes et des autres.

Voici le type par excellence (fig. 91) de la machine
à voyageurs, à grande vitesse. C'est la locomotive
Crampton, caractérisée par le diamètre considérable
de ses deux roues motrices, par la faible course du
piston, deux conditions qui, jointes à une haute
puissance de vaporisation, en font le cheval de
course des voies ferrées. Depuis vingt-cinq ans bientôt
que cette excellente machine est à l'épreuve, elle
n'a pas cessé de répondre aux exigences du service.
Elle jouit d'une grande stabilité provenant de l'a-
baissement du centre de gravité général et de l'écar-
tement des essieux. D'un poids moyen de 50,000
kilogrammes, elle remorque des convois de 12 à
16 voitures pesant de 100 à 130 tonnes avec une
vitesse qui, stationnement compris, s'élève à 60 kilomètres à l'heure.

Une Crampton, sans son tender, coûte 65,000 fr.

Les systèmes Mac-Connel, Buddicom, Sturrock,
Stephenson à trois cylindres, sont aussi de bonnes
machines à grande vitesse employées sur les chemins étrangers. Le troisième cylindre de la machine
Stephenson a pour objet d'obvier au mouvement de
lacet que prend la locomotive sous l'action des deux
pistons latéraux et que ressentent toutes les voitures
du train. On se rappelle que c'est aussi, en partie,
pour un motif d'équilibre que M. Dupuy de Lôme a
employé trois cylindres dans ses machines marines.

Je prendrai de même le type Engerth comme le plus tranché des machines locomotives à petite vitesse destinées à remorquer de lourds convois. A considérer seulement la physionomie extérieure, et à la mettre en parallèle avec une machine Crampton, on voit à l'instant qu'on a affaire à une puissante machine, et que si l'une peut être comparée à un cheval de course, l'autre le sera non moins légitimement à un cheval de camion ou de halage.

La vitesse moyenne des Engerth (il y en a plusieurs variétés) est de 24 kilomètres à l'heure ; mais elles remorquent des convois de 450 tonnes. Leur poids atteint 63 tonnes, qui se répartissent en partie avec le poids du tender sur les roues de ce dernier, mais qui sont principalement supportées par quatre paires de roues d'égal diamètre rendues solidaires par des bielles d'accouplement. Contrairement au type Crampton, les machines à marchandises de ce type ont donc plusieurs paires de roues motrices, de petits diamètres, et une longue course pour les pistons de leurs cylindres. Grande longueur de la chaudière, du corps cylindrique et des tubes, grandes dimensions du foyer.

Là, avec la grande surface de chauffe et la puissance de vaporisation de la chaudière, est le secret de la force de traction énorme dont est doué ce type remarquable.

Les premières En-
gerth [1] étaient mu-
nies d'un système
d'engrenage ayant
pour objet [de leur
permettre de gravir
les rampes du Sœm-
mering.

Le type des ma-
chines mixtes ou lo-
comotives à moyenne
vitesse participe des
deux premiers types.
Deux paires de roues
couplées d'un dia-
mètre qui varie en-
tre 1$^m$.50 et 1$^m$.70,
moyenne longueur
de la course du pis-
ton, poids de 25 à
30 tonnes, vitesse
réglementaire de 45
kilomètres à l'heure,
remorquage de 180
à 200 tonnes, tous
ces éléments, comme

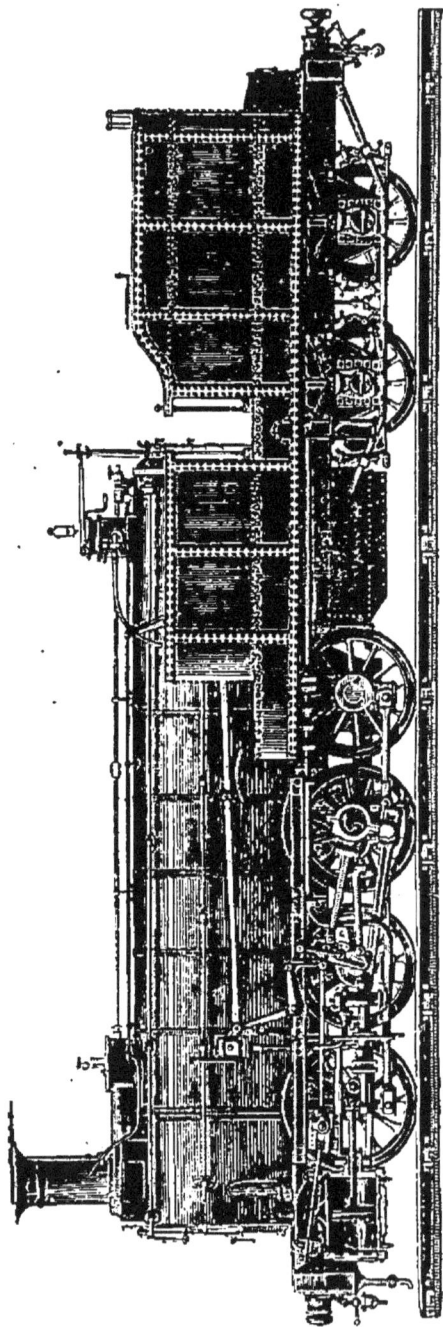

Fig. 32. — Locomotives à marchandises; petite vitesse : type Engerth.

---

[1] Ainsi nommées du nom de l'inventeur, ingénieur autrichien,
qui les destinait d'abord à la traction sur des lignes de fortes
rampes.

on voit, sont compris entre les éléments correspondants des types extrèmes. Du reste, il ne faut
pas attacher une valeur absolue à ces nombres
qui varient avec les variétés multiples de ce type et
des autres ; il ne faut pas oublier que les diverses
lignes de chemin de fer ont à satisfaire à des
exigences de trafic, bien différentes les unes des
autres; à coup sûr, les trains de marchandises d'une
petite ligne de troisième ordre ne ressemblent point
aux lourds convois qui sillonnent incessamment les
rails d'une ligne telle que notre ligne du Nord ou
de tel autre chemin de fer des contrées industrielles, en Belgique et en Grande-Bretagne.

De là l'emploi des machines, tantôt économiques
et de faible puissance relative, tantôt coûteuses et
compliquées, mais possédant une force de traction
qui les rende capables de remorquer les plus lourdes charges, par les temps de brouillard et de pluie,
et de gravir les fortes rampes aujourd'hui adoptées
sur un grand nombre de voies ferrées nouvelles.

Ces dernières machines dont les figures 93 et 94
représentent des modèles sont dites *locomotives de
montagnes* ou *pour fortes rampes*. On voit là le tender
et la machine réunis sur six paires de roues, accouplées en deux groupes sur lesquels agissent
les efforts de quatre cylindres.

faudrait, pour être complet, multiplier les des-
criptions et les figures, citer les *locomotives-tender*

qui font le service des gares ou servent de remorqueurs aux convois trop chargés, les *locomotives de*

Fig. 93. — Machine à marchandises de la ligne du Nord, à douze roues
couplées et à quatre cylindres.

*secours* expédiées sur les lignes en cas d'accident,
puis les types des lignes étrangères, les locomotives

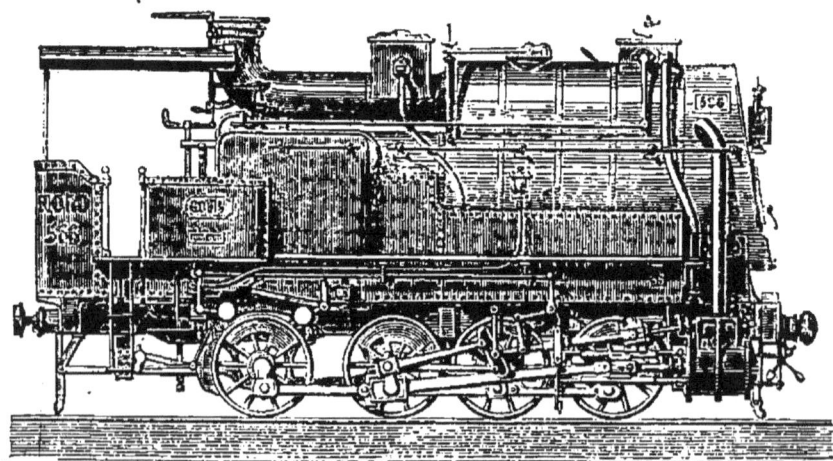

Fig. 94. — Machine tender du Nord pour fortes rampes.

des chemins d'Allemagne ou d'Amérique, chauffées
au bois, et auxquelles leurs avant-trains articulés,

leurs chasse-bœufs, leurs cheminées largement
évasées par le haut donnent un aspect extérieur si
original.

Mais des détails aussi complets et circonstanciés
dépasseraient mon cadre. C'est l'application de la
machine à vapeur aux voies ferrées qui devait faire

Fig. 95. — Machine locomotive américaine.

l'objet de ce chapitre non la description du chemin
de fer et de son mécanisme.

Je terminerai par quelques détails sur le prix de
revient et sur la consommation des locomotives.
J'ai dit que le prix d'une Crampton était d'environ
65,000 francs, sans son tender ; elle consomme de
9 à 12 kilogrammes de coke par kilomètre parcouru.
Les prix d'une machine mixte varient beaucoup,

suivant le système : sur le chemin du Nord, une machine mixte (système Engerth) coûte 83,000 francs; elle consomme de 10 à 12 kilogrammes par kilomètre. Enfin le prix des machines à petite vitesse Engerth s'élève (tender compris) à 112,000 francs, et leur consommation par kilomètre parcouru monte à 20 kilogrammes de houille. Ces prix de revient sont moins éloignés les uns des autres qu'il ne paraît au premier abord. Car en les ramenant à la tonne des machines vides, on trouve que le prix de revient, de 2,200 francs environ pour les machines Crampton, de 2,500 francs pour la machine mixte, est de 2,430 pour l'Engerth.

Fig. 96. — Un train de chemin de fer.

# III

## LES VOITURES A VAPEUR OU LOCOMOTIVES ROUTIÈRES

Difficultés de la locomotion à vapeur sur les routes ordinaires. — Premiers essais de voitures à vapeur. — Systèmes Lotz, Larmanjat et Thomson. — Résultat des plus récentes expériences.

Les premières voitures à vapeur ont été conçues et essayées sur les routes ordinaires, avant l'invention des chemins de fer. On a vu qu'elles n'ont pu réussir.

Or les raisons de ces insuccès étaient multiples : les unes provenaient de l'imperfection relative des machines à vapeur employées à cet usage, et aussi des organes du mouvement ; les autres résidaient dans la nature même de la voie sur laquelle les voitures devaient se mouvoir.

Nous venons de voir par quelle suite de perfectionnements ces difficultés ont été successivement vaincues ; mais on doit avouer que la question du mouvement des voitures à vapeur sur les routes a été non pas résolue, mais tournée par l'application des locomotives à la traction sur chemin de fer. Aussi depuis quelques années, songe-t-on à reprendre le problème primitif, et à faire circuler la locomotive ou une machine à vapeur analogue, non plus sur les voies munies de rails métalliques, mais sur les routes ordinaires sans aucun support fixe pour les roues motrices de la machine.

Là git la difficulté. La puissance d'une locomotive se résume en quelque sorte dans son poids, bien qu'il soit erroné de croire à la nécessité d'augmenter le poids pour accroître l'adhérence. Les roues, les roues motrices surtout supportent ce poids toujours considérable et s'en déchargent sur la route même, aux points où elles se trouvent en contact avec celle-ci. Or, quelque bien pierrée et entretenue que soit la route, le sol enfonce sous la pression, des ornières se creusent et au bout de peu de temps les machines restent en route.

Malgré d'ingénieuses et nombreuses tentatives, c'est ce qui est arrivé à la plupart des voitures à vapeur ou locomotives routières, jusqu'à ces dernières années du moins. Je me bornerai donc à quelques détails sur les systèmes qui ont fonctionné de la façon la plus satisfaisante, qui ont approché le plus près de la solution industrielle et pratique.

A Londres, en 1862, on a employé des locomotives du système Bray pour remorquer sur des routes

ordinaires , macadamisées ou pavées, de lourds fardeaux, des trucs ou trains chargés de masses trop
lourdes pour être mises en mouvement par des chevaux.

En 1864, on fit à Nantes des expériences avec une
locomotive routière construite par un de nos habiles

Fig. 97. — Voiture à vapeur, système Lotz.

mécaniciens, M. Lotz. Au mois d'août de l'année
suivante, ces expériences furent reprises à Paris et
donnèrent des résultats intéressants. En voici la
description, que nous empruntons au *Dictionnaire
des sciences mathématiques appliquées* de M. Sonnet :

« La machine de M. Lotz est de 5 chevaux-vapeur.
Elle porte avec elle son tender. La chaudière est
montée sur quatre roues; le train de devant est
mobile autour d'une cheville-ouvrière, comme dans

les voitures ordinaires. Tout le mécanisme est placé au-dessus de la chaudière et parfaitement visible. L'arbre moteur transmet le mouvement à l'une des roues de derrière par l'intermédiaire d'une chaîne sans fin, engrenant avec une roue verticale solidaire avec l'essieu. La bande des roues de derrière a 0^m.20 de largeur; le constructeur a ainsi évité les ornières. Les roues sont montées sur ressorts, ce qui évite les secousses brusques capables de fausser les bielles. Un homme assis sur le devant de la locomotive manœuvre les roues de devant et fait tourner le véhicule avec la plus grande facilité à l'aide d'une petite roue verticale analogue à celle dont se sert le timonier à bord des navires. »

Avec une charge de 5 à 6 tonnes, la vitesse de la locomotive Lotz atteignait 16 kilomètres à l'heure sur une route en bon état d'entretien; elle remorquait de 12 à 15 tonnes avec une vitesse de 6 kilomètres, gravissant des pentes qui variaient de 0^m.7 à 0^m.13.

Un des inconvénients de ce mode de transport, ce sont les variations considérables des efforts à exercer par des moteurs dont la force doit être sensiblement constante. La locomotive routière Larmanjat répond à cette difficulté. Aux roues motrices de grand diamètre, marchant avec une vitesse de 16 kilomètres par exemple, on peut substituer rapidement deux roues de plus petit diamètre, solidaires

19

et disposées à l'intérieur des premières. Cette substitution entraînant une diminution de la vitesse de
la machine, vitesse réduite à moitié, j'imagine, la
puissance de traction sera devenue double, et la

Fig. 98. — Locomotive routière de M. Larmanjat.

locomotive pourra vaincre alors les obstacles que la
pente, ou le mauvais état de la route aura suscités
dans le trajet. Une machine de ce système figurait,
en 1867, à l'Exposition universelle; elle avait la
force de 3 chevaux-vapeur. « Partie de la gare
d'Auxerre, remorquant un lourd camion à basses
roues, portant une charge de plus de 5,000 kilogrammes, et ainsi chargée, au moyen de l'emploi

de ses petites roues, elle a pu gravir une longue rampe de 0ᵐ,08 par mètre, avec une vitesse
moyenne de 8 kilomètres à l'heure. » D'autres expériences, faites d'une manière continue aux envi-
rons de Paris, ont été, paraît-il, très-favorables à
ce système. La vue que nous donnons de la locomotive routière de M. Larmanjat a été dessinée
d'après nature, à l'un des nombreux essais faits
tout récemment à Paris, au Trocadéro.

Nous devons citer aussi la locomotive routière de
M. Albaret, de Liancourt (Aisne), laquelle a été,
pendant deux années, expérimentée dans les dé-
partements du Nord et du Jura, remorquant, sur
des routes dont les rampes atteignaient 0ᵐ,05 à
0ᵐ,06, des charges de 12 tonnes à une vitesse
maximum de 6 kilomètres à l'heure; celle de
M. Garret, qui a remorqué, d'Auxerre à Avallon et
retour, une diligence chargée de 15 personnes, à
la vitesse moyenne de 11 kilomètres.

Les Anglais et les Américains ne sont pas restés
en arrière dans cet ordre de recherches. Ils ont fait
de nombreuses tentatives pour résoudre pratique-
ment la question de la locomotion à vapeur sur les
routes ordinaires. Pour eux, comme pour nos ingénieurs et constructeurs français, la difficulté à
vaincre était d'éviter les ornières occasionnées par
le poids de la machine. C'est ainsi que, dans le
système Boydell, on employait un rail sans fin ve-

nant se placer au-devant de la roue et reposant sur
le sol au moyen de larges patins; la complication
du mécanisme et la faible vitesse obtenue ont fait
abandonner ce système. Le système Bray avait
adopté des roues en fer de grandes dimensions, munies de griffes mobiles à leur circonférence, mais
il résultait de là une détérioration rapide des
routes.

Pour résoudre le même problème, un constructeur d'Édimbourg, M. Thomson, a imaginé de
garnir les jantes des roues motrices de sa machine
de bandes de caoutchouc vulcanisé qui ont une
épaisseur de $0^m.125$, sur une largeur de $0^m.50$.

« Ces bandes supportent parfaitement le poids
de la machine [1], et roulent sur les routes ordinaires sans écraser les pierres qui se trouvent à la
surface. Grâce à l'élasticité du caoutchouc, le contact entre la jante et le sol n'a plus lieu suivant
une génératrice, mais suivant une surface sur
laquelle la pression se trouve répartie. Les roues
ne s'enfoncent plus alors dans le sol, et même, si
l'on fait circuler la locomotive sur une route nouvellement chargée, elle passera sur les pierres
fraîchement cassées sans que le bandage soit coupé
ni détérioré. La force employée pour faire marcher

---

[1] Article de M. Sauvée dans les *Annales industrielles,* excellente
revue à laquelle nous empruntons le dessin de la locomotive routière Thomson.

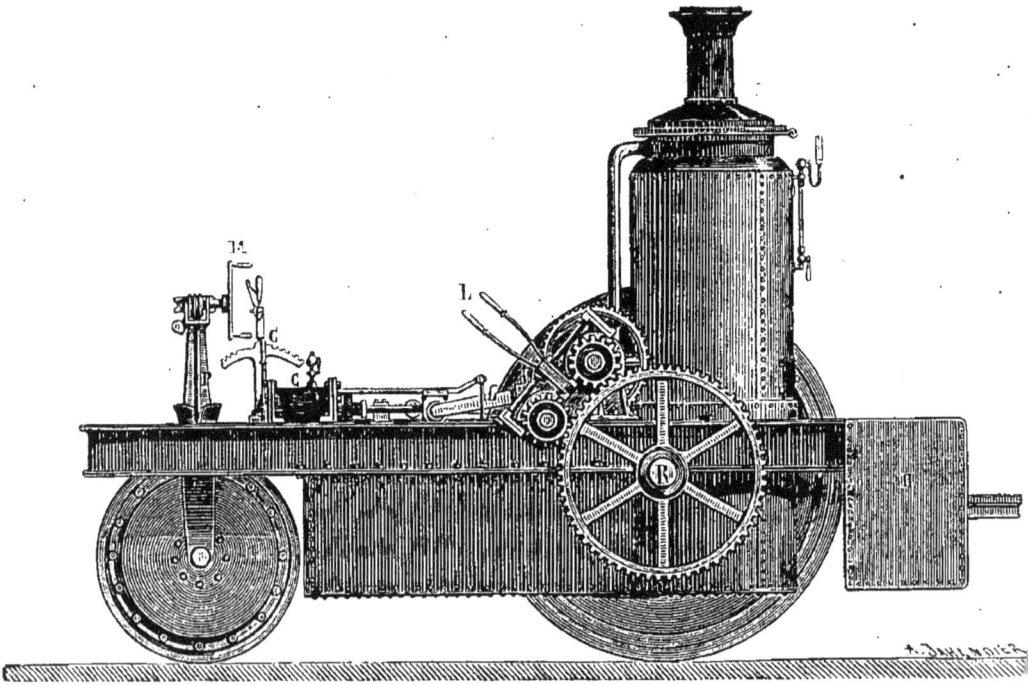

Fig. 90. — Locomotive routière, système Thomson.

une locomotive de ce genre sera donc de beaucoup inférieure à celle nécessaire pour une machine à bandages lisses en fer, car, dans ce dernier cas, la roue écrase le ballast et occasionne une perte de force notable. »

Une locomotive de ce modèle a pu circuler dans une prairie sans laisser de fortes traces de son passage. Sur une route horizontale, elle peut remorquer 30 tonnes avec une vitesse variant de 4 à 10 kilomètres à l'heure. Sa force effective est de 16 à 18 chevaux. En Angleterre, on en emploie plusieurs au transport du charbon de la mine aux usines voisines ; à Édimbourg, M. Thomson a appliqué sa locomotive à la traction des omnibus. Des essais, enfin, ont dû en être faits aux Indes, par l'administration postale, pour le transport de ses dépêches dans la province du Punjaub, entre les villes de Loodiana, Ferozepore et Lahore.

Le dessin que nous donnons ici, de la locomotive routière Thomson, suffira pour faire comprendre la disposition générale des organes. On voit que la machine à vapeur est une machine à cylindre horizontal C, communiquant le mouvement par une bielle à un arbre moteur doublement coudé, muni d'un pignon en rapport avec une roue d'engrenage calée sur la roue motrice. Grâce à cette disposition, le mouvement est donné à l'essieu R des roues motrices de la voiture avec une vitesse qui, pour une même vitesse des pistons, dépend des nombres de dents de la roue et du pignon. Mais l'arbre moteur est muni d'un second pignon qui engrène avec une seconde roue calée elle-même sur un autre arbre moteur parallèle au premier, et ce dernier par un troisième pignon communique son mouvement à la première roue d'engrenage. Il est bien entendu que ces deux systèmes fonctionnent isolément : le conducteur passe à volonté de l'un à l'autre à l'aide de leviers de manœuvre à sa portée L. Il peut ainsi faire varier, pour une même action de la vapeur, la vitesse des roues motrices dans un rapport qui varie du simple au double (plus exactement de 16 à 39).

Le problème mécanique de la locomotion à vapeur sur les routes ordinaires peut être, comme on le voit, considéré comme résolu. Cela veut-il dire que l'emploi des locomotives routières se généralisera promptement? Il est difficile de répondre à cette question, car, à côté du point de vue technique, il y a le point de vue industriel et commercial. Il faut que ce mode de transport soit réellement économique, et cela dépend évidemment d'une foule de circonstances étrangères à la pure mécanique. Dans les grandes villes comme Paris, Londres, où les besoins de la circulation sont si continus et si pressants, les locomotives routières pourront être utilement employées, si l'on imagine des moyens qui rendent cet emploi prudent,

si l'on pare aux dangers que la rencontre fréquente
des voitures et des piétons multiplierait à chaque
instant. Il est probable que ce mode de locomotion
sera essayé, et peut-être définitivement adopté, sur
quelques-unes des grandes voies projetées par
l'édilité parisienne sous le nom de *tramways*.
On dit que des essais de halage sur les canaux
par la vapeur ont été faits : c'est là, ce me semble, un intelligent emploi des locomotives routières. Mais il n'est pas impossible qu'il y ait avantage à user de ce mode de transport pour les voyageurs et surtout pour les marchandises, sur les
routes solidement entretenues et où les rampes, les
pentes, les coudes trop brusques ne se présentent
pas, ou du moins se présentent rarement.

## IV

### LA VAPEUR DANS L'AGRICULTURE ET LES CONSTRUCTIONS INDUSTRIELLES.

———

#### LA LOCOMOBILE

Caractères distinctifs des machines fixes, des machines marines, des locomotives et des locomobiles. — Introduction et usages de la locomobile. — Le labourage à vapeur. — Description d'une locomobile.

Quand on établit une machine à vapeur dans une
usine, ce n'est pas pour une installation momentanée qu'on dispose le puissant engin ; il ne quitte
guère la place où on le fixe qu'à la fin de sa carrière,
c'est-à-dire quand ses organes usés, détériorés par
un long exercice, ne peuvent plus fonctionner utilement. En tout cas, c'est là, en un point déterminé
et fixe, que le mouvement produit est distribué,
multiplié, utilisé. Le nom de machines *fixes* caractérise donc bien les machines à vapeur de la grande
industrie manufacturière, comme celui de *locomo-*

*tives* indique aussi nettement la fonction de la machine à vapeur des voies ferrées, laquelle en employant sa puissance à se mouvoir elle-même, entraîne et remorque la charge du convoi qui la suit.

La machine de navigation, considérée sous ce rapport, tient le milieu entre les deux premières, car d'une part, elle est installée à demeure fixe sur le navire qui la porte, et, d'autre part, elle ne meut celui-ci qu'en se mouvant elle-même.

Il nous reste à examiner un quatrième type de machines à vapeur récemment créé, dont l'usage se multiplie de plus en plus et qui n'a guère de ressemblance avec la locomotive que le nom et l'apparence extérieure. C'est la *locomobile*.

En réalité, la locomobile est une machine fixe, mais une machine fixe transportable. Relativement légère et peu encombrante, elle est disposée comme la locomotive sur un châssis et montée sur des roues : chaudière, mécanisme moteur, volant, tout est réuni de manière à fonctionner sans aucune mise en train, si ce n'est celle de l'alimentation et de l'allumage. La machine a-t-elle achevé son service en un point, on la conduit ailleurs, là où se fait sentir le besoin de la force motrice, qu'elle dispense ainsi successivement en des lieux éloignés les uns des autres. Les roues de la locomobile ne sont pas comme dans la locomotive , des roues motrices ; elles sont absolument indépendantes du mécanisme et n'ont qu'un objet : rendre facile le transport de la machine sur les routes ou à travers les champs. A l'aide d'un ou deux chevaux attelés au limon, c'est la chose du monde la plus simple.

C'est aujourd'hui un moteur universellement employé. Dans l'agriculture, dans les constructions industrielles, les locomobiles servent à une foule d'usages et remplacent avec avantage les moteurs animés.

Dans les ateliers de maçonnerie d'une certaine importance, ce sont des locomobiles qu'on emploie à hisser les matériaux, elles donnent le mouvement aux monte-charges ; elles font tourner les moulins à broyer, à fabriquer le mortier ; elles sont substituées aux ouvriers qui soulèvent les moutons des sonnettes ou qui manœuvrent les grues. Les grues à vapeur mues par des locomobiles se voient fréquemment aujourd'hui dans nos ports marchands ou militaires.

On emploie les locomobiles au mouvement des pompes établies provisoirement pour l'épuisement des terrains de construction. Nous en avons vu une fonctionner devant le Louvre, pendant le siége de Paris : elle faisait mouvoir une pompe qui versait l'eau de la Seine dans des réservoirs établis le long des quais.

En agriculture, c'est le moteur adopté aujourd'hui

dans tous les cas où s'introduit l'usage de l'action
de la vapeur. Ainsi dans les opérations agricoles
proprement dites, notamment le labourage, c'est une
locomobile qui, installée à l'une des extrémités de
la pièce de terre, communique le mouvement aux
engins qui portent les socs de charrue. De même,
dans les opérations d'industrie agricole, qui ont

Fig. 100. — Labourage à vapeur.

pour objet les produits, leur manutention, transformation, etc., machines à battre, hache-paille,
concasseurs, pressoirs, coupe-racines. Partout où
l'on agit sur de grandes masses, il peut y avoir et
il y a, en effet, avantage à substituer aux moteurs
animés ordinaires, aux hommes et aux animaux
le moteur par excellence, la vapeur.

Les locomobiles sont des machines qui ont reçu
suivant leur destination et l'inspiration des con-

structeurs, des formes extrêmement variées.

La chaudière est, comme dans la locomotive, une chaudière tubulaire composée d'un foyer A situé à l'arrière et du corps cylindrique BB, qui renferme les tubes. La puissance des locomobiles est faible :

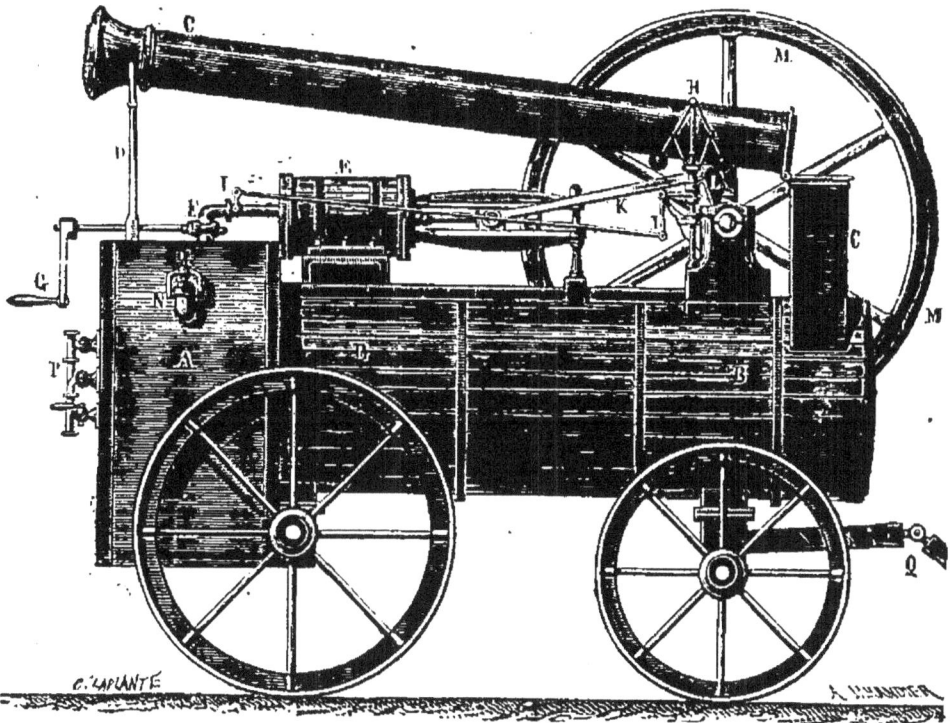

Fig. 101. — Locomobile Calla.

ADB, boîte à feu et corps cylindrique tubulaire ; C, cheminée ; E, cylindre ; M, volant ; KL, bielle et manivelle ; HII, régulateur.

on en construit de un et deux chevaux jusqu'à huit chevaux. Il n'y a donc pas nécessité d'une aussi grande surface de chauffe que dans les locomotives : aussi les tubes sont-ils plus gros et moins nombreux.

La machine est à haute pression et sans condensation, la vapeur s'échappant dans la cheminée
pour produire le tirage. Le tirage ne doit jamais être
assez activé pour attirer hors du foyer des escarbilles enflammées, toutes les fois du moins que la
locomobile est employée dans le voisinage de matières inflammables, ce qui arrive souvent en agriculture ; il y aurait, sans cela danger d'incendie.

Dans la locomobile que représente la figure 101,
le cylindre est horizontal et placé au-dessus de la
chaudière. La tige du piston guidée par une glissière
met en mouvement la bielle K, qui s'articule à la
manivelle de l'arbre moteur et du volant. La légende
donne l'indication des organes ordinaires de la machine qui n'ont rien ici de particulier.

Les locomobiles sont des machines peu économiques : elles consomment de 5 à 6 kilogrammes
de houille par heure et par force de cheval. Nous
avons dit qu'elles sont légères, et, en effet le poids
d'une machine de 4 à 5 chevaux ne dépasse guère
2 tonnes.

La simplicité dans la construction est une de
leurs qualités ; il faut qu'elles soient d'une manœuvre, d'une surveillance aisée, que les pièces en
soient très-solides. En agriculture, où les hommes
capables de conduire une machine à vapeur sont
rares encore, ces conditions sont nécessaires, sans
quoi les accidents seraient à craindre. D'ailleurs,

l'éloignement des ateliers de mécaniciens rendrait les réparations, non-seulement coûteuses, mais préjudiciables par les pertes de temps que ces réparations ne manqueraient pas d'entraîner. Dans les villes, dans les centres industriels et dans les usines, ces considérations n'ont pas la même valeur.

# V

## LA VAPEUR DANS L'INDUSTRIE MANUFACTURIÈRE

Applications diverses de la vapeur. — Épuisement des mines. — Pompes
pour l'alimentation des réservoirs et la distribution de l'eau dans les
villes : nouvelles pompes à feu de Chaillot. — Travaux de dessèche-
ment des marais et des lacs; la mer de Harlem. — Dragage à vapeur
au canal de Suez. — Grues, monte-charges et sonnettes à vapeur. — Le
bac de la Clyde. — Pompes à incendie à vapeur.

Nous n'avons guère jusqu'ici considéré la machine à vapeur qu'en elle-même; nous en avons
décrit les organes, les mécanismes divers et leurs
fonctions spéciales : nous l'avons vue, sinon au
repos, du moins, se mouvant à vide, sauf dans la
navigation, où elle emporte avec la rapidité du
vent les plus gigantesques vaisseaux, dans les chemins de fer, où la locomotive entraîne les masses
des trains à la vitesse de 60 et 80 kilomètres à
l'heure.

Mais le lecteur n'aurait qu'une faible idée de
l'immense développement qu'ont pris, dans le

20

monde entier, les moteurs à vapeur, si nous n'en-
trions dans quelques détails sur les applications
elles-mêmes, si multiples, si variées, dont l'industrie manufacturière s'est progressivement enrichie
depuis un siècle et qui s'accroissent pour ainsi
dire tous les jours. Il faut que nous montrions la
machine à vapeur à l'œuvre dans toutes les branches
de la production humaine.

On a vu que les premières machines à vapeur,
les machines atmosphériques de Newcomen étaient
exclusivement employées à faire mouvoir des
pompes : il s'agissait de l'épuisement des eaux des
mines dans le pays de Cornouailles. Cet usage s'est
répandu d'Angleterre sur le continent et dans tous
les pays de mine. Seulement les machines installées
aujourd'hui dans les puits ne sont plus, sauf de
rares exceptions, les vieilles machines primitives.
Ce sont, comme on peut le voir dans le dessin de la
figure 102 des engins colossaux aussi remarquables
par leur puissance que par la perfection de leurs
organes et le fini du travail des pièces qui les composent.

Parmi les premières machines à vapeur établies
en France, nous devons citer les fameuses pompes
à feu de Chaillot, que les frères Périer ont fait établir en 1782, sur les bords de la Seine, puis celles
du Gros-Caillou qui datent de la même époque et
ont été installées pour le même objet : puiser les

Fig. 102. — Machine d'épuisement d'un puits de mine.

eaux de la Seine et en remplir les réservoirs d'où ces eaux étaient distribuées dans divers quartiers de Paris. Il n'y a guère qu'une vingtaine d'années qu'elles ont été supprimées et remplacées par des machines d'une plus grande puissance, les unes à Chaillot même, les autres en amont du pont d'Austerlitz.

La nouvelle pompe à feu de Chaillot, que la figure 105 représente en coupe et en élévation, est une machine à vapeur à simple effet [1].

A Saint-Maur sont pareillement installées des machines à vapeur, de la force totale de 400 chevaux, qui élèvent les eaux de la Marne dans le réservoir de Ménilmontant. Une autre petite machine à vapeur prend là une partie de ces eaux et les refoule jusqu'au sommet du plateau de Belleville.

Comme machines d'épuisement, les machines à vapeur ont rendu de grands services, dans les immenses travaux de desséchement entrepris par la Hollande. C'étaient les moulins à vent qui avaient d'abord commencé cette grande œuvre, bientôt la vapeur a été préférée pour sa puissance et la régularité de son travail. Il s'agissait de dessécher le lac de Harlem dont les eaux envahissantes finissaient par menacer jusqu'à la ville d'Amsterdam. 700 millions de mètres cubes ne sont pas une petite masse;

---

[1] Voy. l'*Hydraulique*, par M. Marzy, Bibliothèque des merveilles.

aussi trois machines à vapeur furent installées sur
les bords du lac, faisant mouvoir ensemble dix-neuf
pompes dont chacune enlevait 47,000 mètres cubes
en vingt-quatre heures. En cinq ans, et pour une dépense totale de 19 millions de francs, Harlem-meer
avait disparu. « Aujourd'hui, dit M. Marzy, on peut
parcourir en voiture le fond de ce lac transformé
en prairies, au milieu desquelles on voit s'élever
les fermes et les clochers destinés à former de nouveaux villages. » 18,000 hectares ont été ainsi con-
quis sur les eaux et rendus à l'agriculture.

Le lac de Zuid-Plas a été desséché de la même manière; d'autres travaux sont en cours d'exécution,
et on ne parle de rien moins que de conquérir sur
la mer la vaste étendue du Zuiderzée. Près de 200
millions d'hectares à dessécher, tel est le travail
qu'il s'agit de demander à la vapeur et dont la dépense est évaluée à 220 millions de francs.

« En Angleterre, les desséchements au moyen
de machines à vapeur s'effectuent, depuis quelques
années, sur une vaste échelle, et sont devenues une
des opérations les plus communes de l'agriculture.
Dans le Lincolnshire, les machines à vapeur sont
au nombre de quatre-vingt-dix environ, dont la
force varie de 15 à 80 chevaux. Elles font en général
mouvoir des écopes. L'étendue des surfaces dessé-
chées dépasse 90,000 hectares. » (*Hydraulique*, de
Marzy.)

Fig. 105. — Nouvelle pompe à feu de Chaillot.

Parmi les grands travaux d'utilité publique et internationale où la vapeur a joué un rôle important, il faut citer aussi le creusement du canal de Suez, ce gigantesque trait d'union jeté entre l'Occident et l'Orient. Les deux jetées de Port-Saïd ont été construites avec des blocs artificiels de béton pesant jusqu'à 20,000 kilogrammes chacun, et au nombre d'environ 25,000. C'est la vapeur qui donnait le mouvement aux broyeurs employés pour la trituration des matières dont le béton est formé; c'est pareillement à la vapeur qu'on a demandé la force nécessaire pour soulever ces énormes masses.

C'est elle aussi qui, à partir de 1863, a presque partout remplacé le travail de l'homme, trop lent et trop coûteux. « La simple pioche du terrasier fellah fut remplacée, pour les déblais à sec, par l'excavateur à vapeur, qui chargé lui-même sur les wagons destinés à les transporter à de grandes distances les débris du sol qu'il a creusé avec une admirable précision. » Cet appareil a rendu les plus grands services dans le percement du seuil d'Él-Guisr, qu'il fallait, dit encore M. Marzy, élargir et approfondir sur une longueur de 10 kilomètres. Pareillement, les dragues qui ont servi à creuser, à approfondir le canal, étaient mues par des machines à vapeur; les mêmes machines faisaient en outre mouvoir des pompes qui, versant sur les déblais des volumes d'eau considérables, délayaient et entraînaient ces

déblais à une grande distance, épargnant ainsi le
transport des matières et évitant les dépôts d'une
trop grande hauteur. « Deux hommes suffisaient à
la rigueur pour diriger ce rapide opérateur qui, en
dix heures, ne donnait pas moins de 1,800 mètres
cubes de déblais, c'est-à-dire deux cents fois le travail de l'ouvrier le plus habile. »

Le plus souvent dans les travaux qui ne sont que
temporaires, comme ceux qu'on vient de citer, ou
dans les constructions, les appareils mus par la vapeur ne nécessitent point l'établissement de machines fixes, à moins que, comme dans les opérations
de desséchement, il s'agisse de plusieurs années
d'un travail continu et sur place.

Ce sont les locomobiles qu'on emploie surtout.
On en peut voir ici plusieurs exemples. Les grues
dont on se sert dans les ports maritimes (fig. 105)
ont pour moteur une locomobile adjointe à l'appareil; c'est le cas aussi pour les *monte-charges*, qu'on
emploie maintenant dans un grand nombre de constructions, et qui servent à porter les matériaux à
la hauteur où ils doivent être mis en œuvre par les
constructeurs, maçons, charpentiers, etc. C'est le
même moteur qu'on emploie dans les fondations
sur pilotis pour les *sonnettes*, dont le *mouton*, au
lieu d'être élevé à force de bras, comme dans les
sonnettes ordinaires, est soulevé par la force de la
vapeur.

Fig. 104. — Drague à vapeur employée au percement de l'isthme de Suez.

Les *toueurs*, sorte de bateaux remorqueurs qu'on emploie sur un grand nombre de rivières, sont mus par la vapeur. Mais le mouvement n'y est point produit par l'action d'un propulseur à aubes ou à hélices, comme dans la navigation à vapeur ordinaire. La machine agit par traction sur une chaîne sans fin qui se déroule sur des poulies à l'avant et à l'arrière, et qui est noyée dans le lit de la rivière.

Ce même mode de transport est également employé pour le passage des marchandises et des voyageurs sur les cours d'eau dont la largeur ne permet pas l'établissement d'un pont. On en voit un exemple dans la figure 106, qui représente un bac à vapeur établi à Glascow, pour le passage de la Clyde.

Enfin, un emploi de la vapeur qui promet de prendre un grand développement dans les villes populeuses est celui s'applique au fonctionnement des pompes à incendie. La pompe à vapeur que représente la figure 107 est munie d'une chaudière du système Field, qui produit en huit minutes, à la pression nécessaire, la transformation de l'eau froide en vapeur. Elle est assez puissante pour fournir un débit de 900 litres d'eau par minute et lancer le jet à 45 mètres de hauteur.

## LA VAPEUR DANS LA GRANDE INDUSTRIE

Fabrication du fer; forge des grosses pièces. — Le marteau pilon. — Les machines outils. — La vapeur dans les filatures et dans l'industrie du tissage. — Immense développement de ces industries, depuis l'introduction de la machine à vapeur.

Quand on passe en revue les innombrables applications de la vapeur aux travaux industriels, on est amené à les ranger en deux ou trois catégories, selon la nature du service qu'on demande au merveilleux, puissant et docile agent. C'est toujours, à la vérité, du mouvement qu'il est appelé à produire, mais sous deux formes différentes ; tantôt c'est la force, c'est l'énergie de l'effort, et la vitesse est sacrifiée ; tantôt c'est, au contraire, la vitesse qu'on tient à obtenir ; mais alors, pour une machine de puissance donnée, c'est toujours aux dépens de la force. En dehors de ces deux extrêmes qu'on pourrait représenter, d'un côté, par les machines d'épuisement des mines, de l'autre par les locomotives à grande vitesse, se rangeraient toutes les applications de la vapeur où la régularité du mouvement, la continuité doivent être les conditions dominantes.

Suivons cet ordre dans notre examen des applications de la machine à vapeur.

Mais auparavant parlons du marteau-pilon à vapeur, cet outil d'une si grande puissance qui, in-

Fig. 105. — Grue à vapeur.

venté vers 1841 par le directeur des forges du Creuzot, M. Bourdon [1], a tant contribué à développer la fabrication du fer, cette matière première de la mécanique et de l'industrie moderne. Ces gigantesques marteaux, qu'emploient toutes les mines où le fer et l'acier sont forgés en pièces de grandes masses, ne reçoit pas son

[1] Un ingénieur anglais, M. Nasmyth, a suivi de près notre compatriote, mais, d'après Poncelet, c'est bien à Bourdon que revient la priorité.

Fig. 106. — Monte-charges à vapeur pour les constructions.

mouvement de la machine à vapeur ; mais c'est la vapeur qui, directement, l'élève ou l'abaisse entre les deux énormes montants de fonte qui lui servent de guide dans ses allées et venues.

Fig. 107. — Bac à vapeur de la Clyde.

La figure 109 montre comment fonctionne le marteau à pilon.

C'est un mouton en fonte dont le poids atteint jusqu'à 15,000 kilogrammes, se mouvant entre deux montants ou glissières, suspendus à la forte tige du piston d'un cylindre où la vapeur peut pénétrer à volonté. Celle-ci arrive par le tuyau V et de là par une lumière pratiquée au bas du corps de pompe

sous le piston qui est alors chassé de bas en haut par
la force élastique du fluide. A l'aide d'un levier L,
on agit sur une tige T qui abaisse un tiroir latéral,
et la vapeur s'échappe par une cheminée U E dans

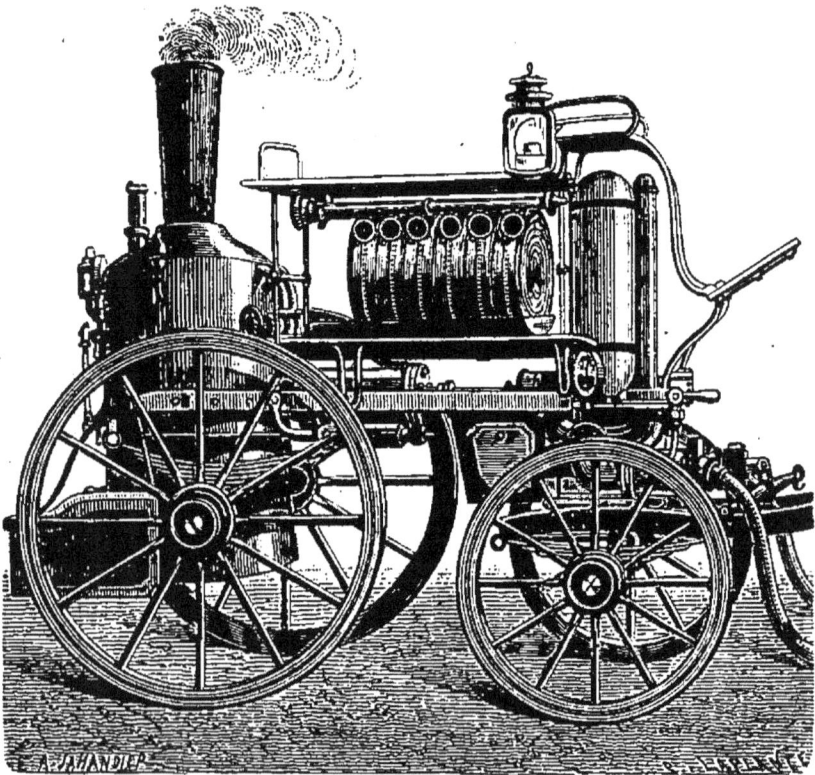

Fig. 108. — Pompe à incendie à vapeur, système Merryweather.

l'air. La vapeur agit ici par simple effet ; mais on
construit des marteaux-pilons où elle sert à la fois
à soulever l'énorme masse et à la précipiter dans sa
chute. Voici sur l'un de ces engins quelques détails
que nous empruntons à l'ouvrage *les Grandes usines*,
de M. Turgan :

« La compagnie australienne du chemin de fer
Victoria a commandé un énorme marteau-pilon à
vapeur, qui a été construit dans l'usine de Kirkstall,
à Leeds (Angleterre). Ce marteau est à double ou à

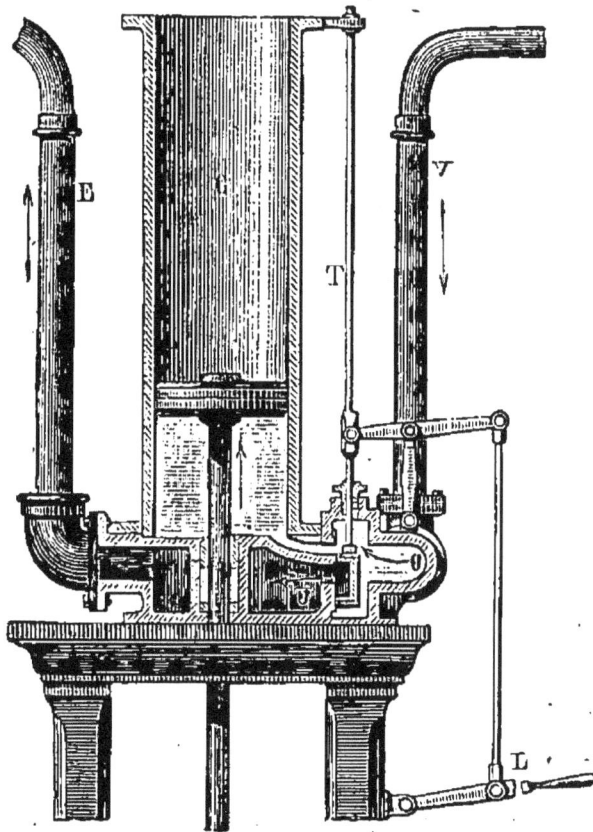

Fig. 109. — Coupe du cylindre d'un marteau pilon.

simple effet ; ainsi la vapeur agit dans les deux
sens, c'est-à-dire qu'elle peut alternativement soulever le marteau et arriver en dessus pour précipiter
sa chute et augmenter par conséquent l'action de
la pesanteur. Cette disposition, qui permet en même

Fig. 110. — Vue d'ensemble d'un marteau-pilon.

temps de multiplier le nombre de coups dans un temps donné est surtout très-avantageux pour forger des pièces de grandes dimensions ; on peut, en effet, grâce à elle, opérer le travail en une seule chaude, et on économise, de cette manière, du temps, du combustible et du métal.

« L'effet de cet engin puissant est égal à celui que produirait le poids de 16,000 kilog. frappant quarante coups par minute. L'action alternative du double et du simple effet peut être obtenue instantanément. A l'aide d'un tiroir convenablement disposé, on peut également changer en un instant la chute et la force du coup. On sait que, pour tous les marteaux qui agissent par la gravité, le travail mécanique produit est représenté par le poids de la masse multiplié par la hauteur de la chute. Par conséquent, plus cette hauteur est grande, plus l'action est considérable, mais aussi plus lent est le travail. Avec le marteau à double effet dont il s'agit, la force du coup peut être triplée et la vitesse doublée en même temps. La vapeur qui fait mouvoir le marteau est obtenue avec la chaleur perdue du foyer où on chauffe le fer à marteler. Le poids de tout l'appareil, comprenant la masse du marteau, l'enclume, le billot, le cylindre à vapeur, etc., est d'environ 100,000 kilog. »

Le marteau-pilon est, pour ainsi dire, une machine à vapeur spéciale, où la force est directement employée à produire le mouvement de l'outil. Dans les grandes usines, fabriques de machines, forges, scieries mécaniques, ce sont le plus souvent les machines fixes, quelquefois des locomobiles, qui donnent et distribuent partout, par l'intermédiaire d'engrenages, de courroies, le mouvement à tous les ateliers : rabotage, alésage, mortaisage, forage, taraudage, polissage des pièces métalliques, tout reçoit son impulsion de la vapeur, et l'on ne sait lequel on doit admirer le plus dans ces travaux formidables, de la puissance de l'engin, ou de sa docilité à se plier aux usages les plus divers.

N'est-ce pas quelque chose de merveilleux que de voir ces machines-outils travailler l'acier et le fer avec la même aisance que le bois sous la main de l'ouvrier menuisier, charpentier ou charron ; ces cisailles, découper le fer brut, tailler les épaisses feuilles de tôle, comme le ciseau du tailleur fait de l'étoffe la plus souple ? « Autrefois, on grattait à peine le fer, aujourd'hui, on le rabote comme du bois, on le découpe et on le perce comme du carton. Certaines machines-outils d'Indret sont assez solidement établies pour pouvoir enlever un copeau de 40 millim. sur une longueur de 11 m. ; le chariot mobile qui porte le burin pèse à lui seul 14 tonnes. Parmi les machines les plus curieuses d'Indret nous devons signaler un tour de Mazeline, destiné à raboter circulairement les arbres coudés. Son burin

Fig. 111. — Marteau-pilon de la forge des grosses œuvres, au Creuzot.

est porté par un disque tournant dans un cadre ; la pièce que l'on travaille traverse ce disque et avance sur un chariot pour présenter successivement à l'outil tous les points qui doivent être atteints. On remarque également un tour en l'air de M. Calla, dont le plateau mesure 5 m. de diamètre, des bancs à aléser, à percer, à planer le fer, la fonte et le bronze par tous les moyens connus[1]. »

Si je voulais énumérer et décrire, même sommairement, tous les usages de la machine à vapeur dans l'industrie moderne, ce n'est point un chapitre, mais un livre, et un gros livre, qu'il faudrait écrire. Je la trouverais dans les hauts fourneaux, où des machines horizontales fonctionnent comme souffleries pour activer et entretenir les feux ; dans les tailleries de diamants, où la vapeur imprime aux meules la prodigieuse vitesse de 2,500 tours à la minute ; dans les brasseries, où elle met en mouvement les pompes qui servent au transvasement des masses liquides ; dans les papeteries, où elle fait fonctionner les machines laveuses et blanchisseuses du papier ; dans les tuileries, dans les fabriques de literies, de pianos, où elle scie le bois, le découpe en arabesques de toutes formes ; dans les fabriques d'orfévrerie, à la Monnaie, où les presses d'Uhlhorn, perfectionnées par Thonnelier et mues par

---

[1] Turgan, *Grandes usines de France.*

la vapeur, frappent jusqu'à 2,400 pièces à l'heure ;
dans les fabriques de tabac, de chocolat, et enfin,
dans cent autres opérations industrielles qui ont
besoin d'un moteur puissant, régulier, rapide, continu.

Mais il est deux grandes industries où la vapeur
joue un rôle d'une importance immense : dans les
fabriques de tissu, les filatures, ces pourvoyeuses
de vêtements du genre humain tout entier ; puis
dans l'imprimerie typographique et lithographique,
qui nous donne l'aliment intellectuel sous sa forme
la plus assimilable, le livre et le dessin.

Ici, je ne puis entrer dans les détails techniques,
ce serait d'ailleurs sortir du sujet. Mais quelques
données de statistique comparée montreront quels
services a rendus, et rend tous les jours la vapeur à
la production, dans ces deux branches de l'industrie
contemporaine. Il est vrai de dire que ce n'est pas
le moteur seul qui a contribué à leur développement. L'invention de métiers nouveaux, de mécanismes sans cesse perfectionnés pour les opérations
si délicates et si compliquées de la filature et de la
fabrication des tissus, a été, sur ce point au moins,
aussi favorable que l'application de la vapeur.

Voici ce que dit à cet égard M. F. Passy, dans une
de ses conférences sur les machines :

« Qu'était-ce, il y a quelques siècles, que le coton ?
La matière première des mèches à chandelle. Quel-

ques balles, importées accessoirement par les Véni-
tiens et les Génois, suffisaient à cet usage. Plus tard,
vers 1430, on eut l'idée d'employer cette substance
à la confection d'étoffes grossières, dans le genre
des futaines flamandes, et quelques armateurs de
Bristol et de Londres commencèrent à l'envoyer
chercher directement dans le Levant. Jusqu'au dernier tiers du siècle dernier, cependant, époque de
l'apparition des grandes inventions d'Hargreaves et
d'Arkwright, ce n'était, en Angleterre même, qu'une
industrie de peu d'importance, à laquelle suffisaient,
tant pour la filature que pour le tissage, 7 à 8,000 ouvriers à peine. En 1773 encore, quoique la fileuse
mécanique d'Hargreaves, la *Spinning jenny*, datât
de quelques années déjà, la trame seule était en
coton, faute de fils convenables pour la chaîne, qui
se faisait en fils d'Allemagne ou d'Islande. Ces fils,
d'une force et d'une torsion que ne pouvait procurer
la fileuse d'Hargreaves, n'ont été qu'alors obtenus
en coton par le métier continu *spinning frame*, et ce
n'est qu'en 1779 que ce qu'on a nommé la *mull
jenny* a sérieusement commencé l'ère de la fabrication mécanique. L'usage de la vapeur ne s'est introduit que vers 1820 ; le tissage à la main n'a décidément cédé la place que quinze ans plus tard ; et
ce n'est que plus récemment encore que le métier renvideur, le métier à la Jacquart et la pei-
gneuse d'Heillmann sont venus apporter à l'indus-

tric anglaise ses derniers éléments de puissance.

« Or écoutez quelques-uns des chiffres de la production et du travail à ces diverses époques. Dès 1787, moins de vingt ans après le début des machines, une enquête se fait. Au lieu des 2,700 tisseurs et des 5,200 fileurs de l'époque du petit rouet, elle accuse 247,000 tisseurs et 500,000 fileurs : 352,000 ouvriers *au lieu* de 7,900 ! Qui avait fait surgir cette armée de travailleurs, sinon la mécanique qui faisait appel à ses bras? Sans être aussi rapide, le mouvement ne s'est pas arrêté depuis ; et, en 1861, le personnel de la grande industrie, à lui seul, dans les 2,715 fabriques du Royaume-Uni, comprenait plus de 400,000 individus. Il dépassait 800,000 selon M. Baines, avec les industries latérales, telles que le tulle, l'impression sur étoffes, la bonneterie, etc. Et pour avoir le total des personnes directement ou indirectement occupées par la manufacture (transport, bâtiments, machines, etc.), il fallait aller au chiffre énorme de 2 millions, soit *le quatorzième de la population totale !* Il ne fallait pas moins, en effet, pour construire, pour placer, pour alimenter et pour diriger les 517,000 métiers, mis en mouvement par plus de 263,000 chevaux de vapeur, et par près de 10,000 chevaux hydrauliques, entre lesquels se répartissait cette production ; et l'accroissement de la force motrice, quoique beaucoup plus rapide que celui du personnel, n'avait cessé de provoquer l'accroissement de celui-ci. »

En prenant l'ensemble des industries de filature et de tissage (il ne s'agit plus haut que du coton) c'est 720,000 métiers, 36 millions de broches, 400,000 chevaux-vapeurs ou hydrauliques. Et puisque nous en sommes à cette question de l'accroissement de travail produit par les machines, disons tout de suite que, d'après un ingénieur anglais, M. Feyburn, le nombre total des chevaux-vapeurs employés en Angleterre atteint le chiffre énorme de 3,650,000, équivalant au travail de 76 millions d'ouvriers.

On voit quelle part la vapeur a dans ce développement industriel, et en particulier dans celui de l'industrie des tissus. Cette part n'est pas moindre proportionnellement dans les centres industriels de France, d'Allemagne, des États-Unis, du monde entier; car partout où une industrie se développe ou se crée, c'est à la machine à vapeur, presque toujours, qu'on fait appel. C'est l'auxiliaire le plus puissant, le plus universel du travail manufacturier.

Premières presses typographiques à vapeur. — Presses d'Applegath. —
Rapidité du tirage obtenu à l'aide des presses mécaniques mues par la
vapeur.

Quelques mots maintenant de l'application de la
vapeur à l'imprimerie.

C'est en novembre 1814, au moyen d'une presse
inventée par F. Kœnig, qu'eurent lieu les premiers
tirages de feuilles imprimées par la vapeur. Le
journal anglais le *Times* avait eu l'honneur et le
profit de ce premier essai, qui permit d'obtenir
1,000 exemplaires à l'heure. Voici ce que dit M. A. F.
Didot de cette application dans son *Essai sur la
typographie* :

« Dans cette machine, la *forme* ou châssis contenant les types, passe horizontalement par un mouvement de va-et-vient sous le cylindre d'impression sur lequel la feuille de papier est enroulée et
retenue par des cordons. Dans l'origine, l'encre,
chassée par un piston de la boîte cylindrique placée
au sommet, tombait régulièrement sur deux rouleaux de fer qui la communiquaient à une série
d'autres rouleaux, dont les deux derniers en cuir
l'appliquaient sur les caractères. Une importante
amélioration fut le remplacement du cuir, dont les

rouleaux étaient d'abord recouverts, par une composition de colle forte et de mélasse, formant une
substance élastique très-favorable à l'impression des
caractères. La prise d'encre et sa distribution furent
postérieurement améliorées. Enfin, M. Kœnig réunit
deux machines semblables, de manière à pouvoir

Fig. 112. — Presse mécanique à vapeur.

imprimer un journal des deux côtés à la fois. La
feuille, conduite par les rubans, était portée d'un
cylindre à l'autre en parcourant le chemin dont la
lettre S, couchée horizontalement ∽ , donne l'idée.
Pendant sa course sur les cylindres, la feuille recevait sous le premier cylindre l'impression d'un

22

côté, et sous le second cylindre, elle recevait l'impression sur le deuxième côté. Mais il faut avouer qu'en 1814, lorsque M. Bentley me montra cette admirable et immense machine, encore fort compliquée, le second côté de la feuille (la *retiration*) ne tombait pas exactement en *registre*.

« Ce n'est qu'après de longues recherches que MM. Applegath et Cowper sont parvenus à donner à leur presse mécanique un tel degré de perfection, que la feuille conduite par les cordons, après avoir reçu la première impression, passe du premier cylindre sur deux tambours en bois qui la retournent, et va s'appliquer sur le contour d'un second cylindre avec une telle précision qu'elle rencontre les types de la seconde forme, juste au même point où se trouvent imprimés du côté opposé les caractères de la première forme, après quoi elle vient se déposer sur une table placée entre les deux cylindres, où un enfant la reçoit et l'empile. »

Veut-on savoir à quel degré de rapidité l'impression est parvenue grâce à l'emploi des presses mécaniques mues par la vapeur? Voici quelques faits caractéristiques à cet égard.

La presse d'Applegath, à huit cylindres, employée à l'impression du *Times* fournit 11,520 exemplaires à l'heure. Le *New-York Sun*, journal américain imprimé par la presse Hœ, dont chaque page comprend huit colonnes renfermant chacune deux cents lignes

Fig. 113. — Presse mécanique mue par la vapeur.

de quarante lettres, tire 16 à 20 mille épreuves à l'heure. Le cylindre central sur lequel s'applique la forme a 6 mètres de développement : huit autres cylindres, comme dans la presse d'Applegath, se chargent successivement des feuilles, et les impriment sur huit faces différentes du cylindre central. A l'aide de 16 ouvriers, deux par cylindre, on obtient une quantité de travail qui eût jadis exigé plus de 300 pressiers.

Ajoutons que si, l'impression mécanique était jadis inférieure, au point de vue de l'art typographique, à l'impression faite au moyen de l'antique presse à bras, aujourd'hui elle a été tellement perfectionnée que les amateurs les plus difficiles auraient de la peine à distinguer les produits des deux modes d'impression.

Depuis quelques années, la lithographie emploie la vapeur et des presses mécaniques qui, jusque là, avaient été réservées à la typographie. Les résultats obtenus sont remarquables, et la rapidité du tirage est venue apporter une économie importante à une industrie que la concurrence des produits typographiques menaçait sérieusement.

Terminons cette revue rapide des innombrables applications de la vapeur par quelques nouvelles données de statistique générale bien propres à montrer la vérité de cette assertion : que la vapeur est l'origine de la plus féconde révolution qui ait jusqu'ici transformé la production humaine, et à justifier le nom de *siècle de la vapeur* qu'on donne quelquefois à notre époque.

En 1865, la France possédait un total de 19,724 machines à vapeur, douées ensemble d'une force de 242,209 chevaux. Dans ce nombre ne sont point comprises les machines locomotives, dont le chiffre dépassait 4,000. C'est, pour notre pays, un accroissement de puissance productrice équivalant à une population active de plus de 5 millions d'ouvriers, résultat certainement dépassé aujourd'hui. A Paris seulement, on comptait à la même époque 1,189 moteurs à vapeur d'une force totale de 9,782 chevaux ; et en y comprenant la banlieue (dans le seul département de la Seine) il y avait 2,480 machines d'une force de 19,150 chevaux. Le mouvement, sur les voies ferrées, des voyageurs et des marchandises accroîtrait dans une forte proportion les services que, d'après les chiffres qui précèdent, la vapeur rend à notre pays.

Les chiffres nous manquent pour l'industrie manufacturière des autres pays d'Europe et d'Amérique. Mais on peut se faire une idée de ce qu'ils peuvent être en considérant l'immense développement qu'a pris le réseau des chemins de fer dans le monde entier, réseau sillonné nuit et jour par la vapeur, celui que tend à prendre de plus en plus la navigation à vapeur sur les mers, les lacs et les fleuves.

En 1867 déjà, la longueur totale de toutes les lignes de fer exploitées sur le globe atteignait 156,663 kilomètres, près de seize fois la circonférence entière de notre planète. Depuis, l'Amérique du Nord, à elle seule, a augmenté son réseau de 20,000 kilomètres, la Russie, de plus de 6,000 kilomètres; presque partout, de nouvelles lignes ont été construites ou commencées; les locomotives répandent maintenant leurs panaches de vapeur dans les Indes, en Australie, jusqu'au Japon, et les *steam-boats* sillonnent toutes les mers. La marine, en effet, a suivi l'exemple de l'industrie manufacturière et de celle des transports terrestres, sur une moindre échelle à la vérité, mais dans une proportion qui va toujours grandissant.

En Europe, sur 100,000 navires formant à peu près le total des bâtiments de la marine marchande, on compte 4,500 navires à vapeur; mais il faut ajouter qu'en général le tonnage de ceux-ci dépasse de beaucoup le tonnage des bâtiments à voiles. Ainsi, en France, tandis que le tonnage moyen des navires à voiles est de 60 tonneaux, il atteint 280 tonneaux dans les navires à vapeur.

Ce qu'il faut remarquer d'ailleurs, c'est que le développement de la circulation ou de la production par la vapeur, loin de nuire à celui des anciens

modes de transport ou de travail, semble l'activer
encore. Par exemple, l'ouverture d'une voie ferrée
dans un pays agricole ou industriel surexcite le
trafic, suscite la création de nouveaux chemins, de
nouvelles routes, multiplie la circulation par les
chevaux et les voitures, et si elle déplace ou remplace
momentanément quelques industries voiturières,
elle ne tarde pas à leur donner d'autres issues, fa-
vorables en somme à la richesse générale.

### EXPLOSIONS DES MACHINES A VAPEUR

Nous venons de signaler les bienfaits dont la civilisation est redevable à l'invention de la machine à
vapeur et à l'introduction progressivement croissante de ce moteur puissant dans toutes les industries. Il faut maintenant faire la part des malheurs
qu'elle a occasionnés et dont nous lisons de temps à
autre, dans les journaux, les récits lamentables.
Chaque médaille a son revers. L'explosion des machines à vapeur, dans les usines, sur les chemins
de fer, sur les bateaux cause chaque année un certain nombre de victimes. Est-ce un tribut forcé que
l'humanité doive payer toujours comme une sorte
de triste compensation à tous les progrès qu'elle
doit à la science?

Toutes les explosions de machines à vapeur ont

en réalité une cause unique : pour une raison ou
pour une autre, la pression de la vapeur produite
dans la chaudière dépasse la limite de la résistance
des parois ; le métal se déchire, éclate sous la force
irrésistible du fluide, et en projetant ses débris accumule dans son voisinage les ruines et les victimes.
Aux effets mécaniques de cette projection terrible
se joignent ceux qu'une masse de vapeur à une
température élevée ne peut manquer de déterminer :
le chauffeur, les ouvriers ou les ingénieurs, toutes
les personnes en un mot qu'atteignent les débris
métalliques ou la vapeur brûlante sont horrible-
ment blessés, broyés ou brûlés.

Quelles sont les causes de l'explosion? Nous venons de le dire. Un accroissement anormal de pression, peut provenir lui-même des causes suivantes :

1° Abaissement du niveau de l'eau, qui a pour
conséquence une élévation de température des surfaces métalliques soumise à l'action des gaz incandescents du foyer, sans être refroidie intérieure-
ment par l'eau de la chaudière. Ces surfaces arrivent
à la température du rouge ; leur résistance décroît,
elles se déforment et se déchirent. Le danger est
plus grand encore, si alors l'alimentation de la chaudière amène brusquement à leur contact l'eau qui
se transforme en vapeur dans des conditions anor-
males. La surproduction de vapeur qui en résulte
suffit pour déterminer l'explosion.

2° Le même accident peut provenir de la présence des incrustations laissées par les eaux contre les parois. La croûte saline empêche le contact de l'eau et du métal, qui rougit, et si cette croûte vient à se détacher brusquement, l'arrivée de l'eau sur les surfaces rougies détermine une subite et considérable production de vapeur dont l'explosion de la chaudière peut être la conséquence.

3° L'eau privée d'air et en repos peut être chauffée sans bouillir à une température dépassant de beaucoup 100 degrés ; mais le moindre choc ramène l'ébullition subite et une surproduction de vapeur dangereuse, ainsi que nous l'avons vu en rapportant l'expérience de Donny.

Voilà des causes d'accident indépendantes du bon état de la machine ou du moins de la solidité de sa construction, indépendantes aussi des bons soins et de la surveillance du chauffeur, la première exceptée qui est, à la vérité, l'une des plus fréquentes. Les remèdes préventifs sont, pour celle-ci, une surveillance attentive du niveau de l'eau, et, s'il s'est abaissé, le soin de n'alimenter qu'avec précaution et après ralentissement du feu. Le choix d'une eau non incrustante ou, en cas contraire, le nettoyage fréquent des parois intérieures, voilà ce qu'il faut recommander aux chauffeurs ou aux chefs des usines.

4° La vapeur peut atteindre une pression qui dé-

passe les limites de la résistance, si les soupapes de
sûreté sont insuffisantes, fonctionnent mal, où, ce
qui est pire encore bien que malheureusement trop
fréquent, si elles sont arrêtées et ne fonctionnent
pas du tout. La surveillance de ces appareils doit
donc être incessante. « Un mécanicien qui assujettit
ses soupapes, dit avec une énergique conviction un
célèbre ingénieur anglais contemporain, M. Fair-
bairn, est comparable à l'insensé qui se précipite
dans un magasin à poudre une torche à la main. »
L'ignorance seule explique une pratique aussi déplo-
rable ; et c'est du devoir strict des chefs d'usines et
des ingénieurs de la faire cesser, en n'employant que
des chauffeurs capables, ou en instruisant ceux qui
ne savent point.

5° Enfin, une dernière cause d'explosion est la
construction vicieuse d'une chaudière, ou ce qui revient au même, le mauvais état provenant de vieil-
lesse ou d'usure de ses diverses parties.

Nous avons vu, en décrivant les divers types de
chaudières, quels sont ceux qui offrent le moins
le danger d'explosion, mais le choix des types n'é-
tant pas subordonné à cette seule condition, les
accidents sont pour ainsi dire inévitables. C'est
dans les usines où les machines fixes sont employées
et sur les bateaux à vapeur où les machines sont
exposées à plus de causes de destruction, que les
explosions sont les plus fréquentes et les plus re-

doutables : elles sont beaucoup plus rares dans les
locomotives, ce qui tient sans doute à une surveillance plus active. Elles sont d'ailleurs ici moins
dangereuses, parce qu'elles se bornent souvent à la
rupture d'un tube, accident auquel le mécanicien
remédie immédiatement en fermant le tube à l'aide
de tampons.

Quelque graves d'ailleurs que soient les accidents
terribles dont nous avons très-sommairement énu-
méré les causes, l'industrie où la vapeur est employée n'est pas sensiblement plus éprouvée que
celle où l'on emploie d'autres moteurs. C'est à l'instruction plus répandue, c'est à une surveillance
plus active, c'est à la publicité donnée aux accidents,
c'est enfin à la responsabilité effective des chefs
d'usines qu'on devra de diminuer le nombre relatif
des sinistres de ce genre, sinon de les supprimer
tout à fait.

Malgré cette ombre jetée sur le tableau des bienfaits que la civilisation a reçus de l'invention de la
vapeur, il est de toute évidence que la somme du
bien produit l'emporte immensément sur celle du
mal, inévitable mais purement accidentel.

Nous pouvons donc, en toute sûreté de conscience,
applaudir aux progrès matériels que l'application
de la vapeur a réalisés; c'est une conquête de la
science qui a déjà rendu à la science, sous bien des

formes, les services qu'elle en a reçus. Elle n'est pas, sans doute, par elle-même, un moyen de progrès intellectuel ou moral, malgré tout ce qu'on a dit du bienfait du rapprochement des distances entre les hommes des divers pays ; elle n'a point empêché la guerre entre des peuples qu'on aurait pu croire unis par la paix, par les relations industrielles et commerciales, par l'instruction, sinon par un sentiment de fraternité malheureusement trop utopique, et elle a pu être un instant l'auxiliaire des forces destructives. Mais, en définitive, comme toutes les inventions qui sont le fruit de la science moderne, la vapeur est un admirable outil entre les mains de l'homme, bien merveilleusement propre à l'aider dans l'œuvre de civilisation qu'il poursuit, s'il est guidé dans cette poursuite par les idées de paix, de bien-être général, de moralité et de justice.

# TABLE DES GRAVURES

# TABLE DES MATIÈRES

PREMIÈRE PARTIE

**LA VAPEUR**

I

QU'EST-CE QUE LA VAPEUR ?

II

COMMENT SE FORME LA VAPEUR

### III

#### FORCE ÉLASTIQUE DE LA VAPEUR

### IV

#### LA VAPEUR D'EAU DANS L'ATMOSPHÈRE

DEUXIÈME PARTIE

# LA MACHINE A VAPEUR

## I

### LA VAPEUR, FORCE MOTRICE

## II

### LA CHAUDIÈRE OU LE GÉNÉRATEUR DE VAPEUR

Métamorphose des rayons solaires : la force vive, emmagasinée
dans les végétaux de l'époque houillère, se dégage aujour-
d'hui d'un bloc de charbon en combustion; elle est l'âme

### III

#### LE MÉCANISME MOTEUR

## IV

### LE MÉCANISME DE TRANSMISSION.

## V

### APERÇU HISTORIQUE SUR LA MACHINE A VAPEUR

---

## TROISIÈME PARTIE

### LES APPLICATIONS DE LA MACHINE A VAPEUR

---

### I

#### LA NAVIGATION A VAPEUR

## V

### LA VAPEUR DANS L'INDUSTRIE MANUFACTURIÈRE

### ERRATUM

Page 5, dans la note, *au lieu de* 15 décembre 1870, *lisez :* 15 décembre 1670.

PARIS.— IMP. SIMON RAÇON ET COMP., RUE D'ERFURTH, 1.

www.ingramcontent.com/pod-product-compliance
Lightning Source LLC
Chambersburg PA
CBHW060120200326
41518CB00008B/883